U0473081

# 淡定的女人最优雅

[美] 戴尔·卡耐基 著
穆秋月 肖祥银 ◎ 编译

中国华侨出版社

图书在版编目（CIP）数据

淡定的女人最优雅／（美）戴尔·卡耐基（Carnegie,D.）著；穆秋月，肖祥银编译. —北京：中国华侨出版社，2013.2
ISBN 978-7-5113-3255-4

Ⅰ.①淡… Ⅱ.①卡…②穆…③肖… Ⅲ.①女性-人生哲学-通俗读物 Ⅳ.①B821-49

中国版本图书馆CIP数据核字（2013）第024700号

### • 淡定的女人最优雅

著　者／（美）戴尔·卡耐基（Carnegie,D.）
编　译／穆秋月　肖祥银
责任编辑／宋　玉
责任校对／孙　丽
经　销／新华书店
开　本／787×1092毫米　　1/16　　印张／14　　字数／300千
印　刷／北京毅峰迅捷印刷有限公司
版　次／2013年4月第1版　　2016年10月第8次印刷
书　号／ISBN 978-7-5113-3255-4
定　价／32.00元

中国华侨出版社　北京市朝阳区静安里26号通成达大厦3层　　邮　编：100028
**法律顾问：陈鹰律师事务所**
编辑部：（010）64443056　　传真：（010）64439708
发行部：（010）64443051
网　　址：www.oveaschin.com
E-mail：oveaschin@sina.com

# 编译手记

"宠辱不惊,看庭前花开花落;去留无意,望天上云卷云舒。"每当读到这句耐人寻味的句子,我就会浮想联翩,诸如女人的魅力。

每个女人都渴望自己有十足的魅力,每个男人都喜欢魅力四射的女人,究竟什么样的魅力最摄动人心?思来想去,唯有两个字可以诠释:淡雅。

首先淡雅的女人是远离粗糙,力求精致的。她们如同沙漠中的珍珠,明丽、宁静、历久弥新。从她身上散发出的是一种无形的吸引力,这种"魔力"是她在人际关系和人际交往中加以充分体现出来的,无论在哪个年龄段或从任何角度去看,都闪现着她的知性、优雅的举止与卓而不群的气度。

其次淡雅的女人是有独特气质的。她不一定很漂亮,不是光芒夺目,却是神韵不绝。她有着纯净的笑容,清澈的眼神,或许她不施脂粉,素面朝天,衣着简单,但是别有一番韵味;她不一定学富五车,但绝不肤浅;她内心柔软而坚定,不强势,也从不肯示弱,凡事都有自己独到的见解。

我一直认为一个淡雅的女人,才会是一位有品位的女人。这些淡雅的女子,往往浑然天成,来去无痕,当世而不艳,处世而不俗,立世而不惊,清淡如菊,漂浮着生命的清香。那份淡定若水的神韵,不争不抢,不浮不躁;那一份不温不火的淡定,不多不少,不惊不喜;她们不计较、不较真,又不失本色;不放弃、不苛求,又不失原则;疼爱人、疼爱家,也疼爱自己。

她们的内心是柔软的，不恐惧那些飓风一般的力量，也不选择心灵的颓废，不消极遁世，也不会混沌地挥霍人生。这种带着自信的平静和安稳，淡淡的状态里，就是一种体现完美的成熟。

她们喜欢把人生当作一条溪流，轻轻而来，载波而过。她们认为生命的价值，最终并不在于它归入大海，而在于它流过滋润的地方，转过的小湾，泊过的小船，甚至是它载过的轻盈时光和幽静的蓝天。

淡雅的女人，20岁纯净青春，30岁万种风情，40岁成熟内敛，50岁淡泊悠然……

做一个淡雅的女人，有一个幸福人生，珍惜并享受那一份淡然的轻盈，从容地越过层层的荆棘，沾满一身幸福的清香。这种悠然自得、笃定自信岂不是每个女人追求的理想状态？

女性朋友们，做个淡雅的女人并不是遥不可及的梦想。在卡耐基看来，每一个女人都有使自己淡定、优雅的潜能。当然这是个漫长的修炼与积累过程，只要不断地学习和补充，灵活、明智地运用一些行为准则和做事指导，相信每一个女人都会成为一道靓丽的风景，优雅地行走在蜿蜒曲折的生命之路上，开启一个崭新的人生。

# 目录 CONTENTS

## 上篇 爱是女人一生的修行：韶华易逝，留下生命的花开

### 第一章 女人20，爱是一种伴着失意的青涩

1. 爱是从容，不是舍命 // 2
2. 选择一个正好合适的人 // 4
3. 爱他，并不代表要给他全部 // 8
4. 流水无情草自有春 // 10
5. 淡淡的羞涩是最美的风景 // 13
6. 优雅的女子惹人爱 // 15
7. 如果爱，请先自爱 // 17
8. 别让爱情提前落幕 // 20

### 第二章 女人30，爱是一种成熟的味道

1. 30岁是一个万种风情的年龄 // 24
2. 保持身上的那一抹芳香 // 25
3. 优雅的气质离不开大方的仪态 // 27
4. 既要温柔，又要带有些许清高 // 32
5. 不要强迫你的丈夫改变 // 35
6. 理解、支持你的丈夫 // 38
7. 帮助丈夫建立自信 // 39
8. 认清你自己的需要 // 41

## 第三章 女人40，爱是一种圆润的智慧

1. 女人一生中收获的季节 // 46
2. 打开心扉，让爱自由流淌 // 48
3. 让婚姻经得起平淡的流年 // 50
4. 内藏一颗淡然若水的心 // 52
5. 在事业和家庭中游刃有余 // 55
6. 运动让你恢复年轻的活力 // 58
7. 从容有序地安排好一天 // 59
8. 懂得和男人相处的艺术 // 62
9. 闷葫芦会让你未老先衰 // 66

# 中篇　蕙质兰心：淡定和优雅从内散发

## 第四章 腹有诗书气自华

1. 读书可以改变一个人的气质 // 70
2. 知识能滋养心灵的成长 // 72
3. 给自己的思想充电 // 74
4. 学习是一辈子的修炼 // 77
5. 让书带你步入发现之旅 // 79
6. 从书中汲取成功的资本 // 81
7. 读一本好书，就是在和伟人交谈 // 83

## 第五章 女人因自信而美丽

1. 自信的魅力是永恒的 // 88
2. 悦纳自己的不完美 // 91
3. 在自省中认识自我 // 94
4. 保持自己的本色 // 96

  5. 工作让女人更有自信 // 100

  6. 永远挂一抹微笑在嘴角 // 104

### 第六章 培养温文尔雅的谈吐

  1. 管住自己的舌头 // 108

  2. 驾驭自己的声音 // 111

  3. 说话要保留几分 // 114

  4. 不要以言语中伤他人 // 116

  5. 争辩之下没有赢家 // 119

  6. 幽默是化解尴尬的良药 // 124

  7. 以赞赏的口吻和对方交谈 // 126

  8. 面对恶意冒犯者 // 132

## 下篇　幸福是一种柔软的心态

### 第七章 不与自己对抗，让淡定重生

  1. 不忌妒，保持心态平衡 // 136

  2. 不虚荣，享受自己的生活 // 138

  3. 不憎恨，笑着面对伤害你的人 // 141

  4. 不功利，及时修剪心中的欲望 // 143

  5. 不自私，伸出你温润的双手 // 145

  6. 不抱怨，世界不公平，你要学着适应 // 147

  7. 不固执，妥协是一种前进的艺术 // 150

  8. 不发怒，学会控制自己的情绪 // 152

  9. 不纠结，笑对人生得与失 // 156

  10. 不狭隘，给怨恨一个"休止符" // 157

  11. 不冲动，冷静面对一切考验 // 161

## 第八章 顺应生命的节奏

1. 一切纷纷扰扰皆是庸人自扰 // 164
2. 不能改变，就静观尘埃落定 // 167
3. 不要给自己念紧箍咒 // 169
4. 不要总是被金钱所牵绊 // 172
5. 学会给你的生活留白 // 177
6. 找到生命的支点 // 180
7. 花点时间调整自己 // 182
8. 大胆地走出去 // 183

## 第九章 为你自己的幸福负责

1. 拿三分之一的时间爱自己 // 188
2. 假如上帝的柠檬太苦涩 // 191
3. 平淡是人生最深的味道 // 193
4. 再苦再累也要坚强 // 195
5. 淡定和优雅无关韶华 // 198
6. 只关注现在拥有的 // 201
7. 拿开捂住眼睛的双手 // 203
8. 在人生的旅途中播种 // 205
9. 平静地走向未来 // 207

## 附录 写给淡定女人的一些话

对二十几岁女人的忠告 // 210
教三十几岁女人的修炼 // 211
与四十几岁女人的共享 // 212

# 上篇

## 第一章
## 女人20，爱是一种伴着失意的青涩

爱是世界上人们谈论最多，也最难弄明白的课题之一。茫茫人海中如果可以找到一个相知、相爱的人相守一生，是人生的一大幸事。

但是，这个世界上没有完美的生活，也没有完美的人，现实中的爱情也许并非你心中勾勒的模样，但也应该不会糟糕到哪里。所以，适合自己的便是最好的，爱情的责任就是为了让自己过得很好，也让对方过得很好。所以，面对爱情，二十几岁的女人应该真诚，要有一种淡定自若的态度，知福惜福，好好珍惜，学会爱，认真爱，坦然爱。

## 1. 爱是从容，不是舍命

　　我们或许真切地体验过曾经许诺要爱自己一辈子，陪自己一辈子的人突然转身走了，那时真的有天塌地陷一般的感觉。大多女人都会在这个男人转身离去的无情背影里感到无限的绝望，生活失去了意义，从此消沉下去。

　　女人分手后寻死觅活的结果只能是悔恨。现实世界绝对是真实残酷的，没有几个男人能够为了责任、内疚而委屈自己留在不爱了的女人身边。既然已经不爱了，既然已经绝情了，他怎么还会在乎女人的感受？如果为了一个男人而白白地浪费了自己的青春和生命，这样岂不是有些傻？

　　**淡定的女孩明白爱是从容，不是舍命**

　　当一个男人选择离你而去，你唯一能做的就是微笑着转身，不要歇斯底里，不要大发脾气，因为这样他便有了更充分的理由离开你，把这一切归结为性格不合。不要去恨，因为恨会让你纯净的心蒙上阴霾，变得丑陋，最好的忘记就是淡漠。试着把悲伤留到他看不见的时候，让时间慢慢地沉淀，慢慢地分解，直到你开始淡漠，能开始新的生活，相信我，那不会很久，多少的疼痛都会淡去。

　　M和男友分手已经半年，虽然一个人的时候还是忍不住想起两人在一起的甜蜜时光，但M承认自己更喜欢现在这样自由充实的生活。刚和男孩分手的那段时间M也是对他充满恨意，尽管本身对他当初的承诺并没抱什么希望，但背叛却是女孩没有想到的事情。

恨归恨，女孩并没有像其他失恋的女人那样折磨自己。既然他离开已经是事实，就该早点接受现实，想办法让自己振作起来，没有人爱更要努力爱自己，M决定要比从前更加认真地生活，要对得起自己。

于是女孩每天都打扮得青春阳光；还参加了各种健身班——瑜伽、拉丁舞……身体更加健康，曲线也更加迷人。女孩也开始不断地参加各种社交活动，活泼开朗的她走到哪里都能成为引人注目的焦点，同时也结交了不少朋友，这其中不乏追求者。

俗话说，情场失意，职场得意。女孩把精力更多地投放在了工作上，不断努力换来了接连不断的升职，薪水高了，日子过得更加惬意自在……

也许人生中的得与失原本就是一个奇妙的悖论，她失去了刻骨铭心的恋情，却也从此开启了事业的大门，虽然化茧成蝶整个过程痛并且艰辛，但破壳而出之后却爆发出自己的所有能量，与其说这是人生的补偿，不如看作是一场蜕变。

恋爱中的女人，总是觉得你爱着的这个男人是世界上最好的男人，非他不可，非他不行。他是独一无二的，没有他，你就无法生活下去，所以想方设法地要留住他，爱情不是追来的，而是吸引来的。

觉得他与众不同，觉得他身上有耀眼的光芒，这光芒迷惑了你的眼睛。可是你知道吗，那不是他自己的光芒，而是爱情散发的光芒。如果不爱了，相信不久后再见他，你会惊讶原来深爱着的男人也不过是一个普通的男人罢了。

当恋人离去，你觉得离开一个人活不下去的时候，要告诉你只需要等待一些时间。短则三五个月，长也不过三五年，时间一定会让爱情的光芒从他身上褪去，那时他再也伤不到你。

女人不要在爱着的时候委曲求全，在分开的时候苦苦挽留，他爱是他的权利，要走也是他的选择，你不能左右什么。这个世界上，绝对没有谁离开谁就会活不下去，除非他是给你提供水、氧气、阳光和食物的人，所以，那句"没有你我活不下去"的傻话最多说出来发泄一下心中的怨恨，千万不要相信那会是真的。

女人不要犯傻，切记不要在恋爱的时候把爱情视为你的一切，因为他而放弃自己的事业、爱好和友情，放弃了这些宝贵的东西，也就放弃了你作为一个独立的人的创造能力。女人要寻找除了爱情以外还能牢牢站在地面上的东西，只有这样，当你要选择离开时，才能走得潇洒自如。

不要一根筋地告诉自己没有他，你的生命就没有意义。你只是不甘心让他抛弃你，要分手也要你先提出，这只是心里不平衡而已；你也只是暂时不习惯一个人的生活，过几个月习惯了就好……

伤心的时候就尽情发泄吧，用文字，用声音，用所有能发泄的方式。发泄完了，就要振作。你失去的，其实是那么微不足道。

## 2. 选择一个正好合适的人

我想，对于一个女人来说，什么事也比不上选错自己的伴侣更加可怕。的确，每个女人都希望自己能有一个好的伴侣，也都希望这个伴侣可以陪伴自己终生。然而，很多女士在婚后却发现，自己当初的选择和决定其实是错误的。诚然，这种事是不能完全把责任推给男人，因为他毕竟没有逼迫你和他结婚，只不过是因为你们自己没有足够的判断力。正因为如此，很多女人在发现问题以后，要么选择沉默忍受，要么选择反抗、离婚。

在医学界有一句俗语："最好的治疗方法就是预防。"如果女人们能够加强自己的判断能力，使自己能够清醒地按照自己的意愿去选择伴侣的话，相信就不会有那么多不幸的婚姻了。

# 第一章

贝蒂是个漂亮迷人、思想前卫的女孩,喜欢刺激,渴望过那种天天都有激情的生活。因此,那些整天只知道上班、回家、干活的男人,她根本看不上眼。一个周末的晚上,贝蒂独自一人来到了她常去的"零点酒吧"。她喜欢到酒吧,因为这里会让她觉得生活充满了激情。贝蒂要了一瓶啤酒,找了一个空位子坐了下来。正当她打算休息一会儿就去跳舞的时候,突然发现不远处有一位男士正默默地注视着他。这位男士很英俊,也很有风度。贝蒂冲他点了点头,男子马上就走过来和她搭讪。就这样,两个刚刚认识的青年很快就熟悉起来。临分手时,男子还特意要了贝蒂的电话。

在接下来的几天里,贝蒂几乎每天都沉浸在惊喜与兴奋之中。因为那位男子向她展开了猛烈的攻势。不是给她送礼物,就是打电话约她吃饭。男士似乎是个诗人,因为他总是能说出一些让贝蒂高兴的话。最后,贝蒂终于决定和他结婚。

结婚的那天,贝蒂显得非常幸福,因为她似乎已经看到了婚后甜蜜的生活。她梦想着和丈夫每天都过着充满激情和刺激的日子,还梦想着可以去世界各地旅游……总之,她给自己以后的生活绘制了一幅美好的画卷。

然而,结婚以后,贝蒂却突然发现自己被欺骗了。原来,自己的丈夫并不是什么风度翩翩的绅士,而是一个喜欢吃喝嫖赌的无赖。他每天晚上都喝得烂醉如泥,回到家后连鞋都不脱就上床睡觉。他喜欢赌博,也因此输掉了很多的钱。可是,他不但不知悔改,反而经常和贝蒂要钱,如果贝蒂不给,马上就破口大骂。最后,贝蒂实在忍受不了这种折磨,和她的丈夫离了婚。

可怜的贝蒂,我真为她的遭遇感到不幸。可是,这又能怪谁呢?如果贝蒂不是喜欢那种花言巧语、善于会讨女人欢心的男人,那么她也就不会被那个家伙华丽的外表所欺骗。因此,我首先要告诫女人的是,那种会讨女人欢心的男人往往都是"演技高手",他们会在达到目的以前把自己伪装成世界上最好的男人。如果我是女人，我宁愿和那种不懂浪漫的男人在一起，也不愿意和那种油嘴滑舌的男人交往。

贝蒂遇到的是一种善于伪装自己的男人，因为她的判断能力不强，所以才导致自己选错了伴侣。然而，有些女人明知道对方身上有很多地方与自己不和，却偏偏还要固执地选择他。

威玛是个善良的姑娘，平日里对所有人都十分友善。他的现任男朋友托蒂是经别人介绍认识的，两个人在一起已经有3年了。在别人眼里，威玛和托蒂根本就不应该在一起。因为威玛对人和善，而托蒂却是个十足的坏小子。当两个人在街上看到乞丐时，威玛总是会拿些钱给他们，而托蒂不但不能理解这种行为，反而会把给出去的钱再抢回来。威玛喜欢小动物，家里养了一只狗、两只猫和三只小兔子。可是托蒂并不喜欢，有一次还居然扬言要杀了那只狗，因为它弄脏了他的裤子。此外，很多很多事情都表明：威玛和托蒂太不合适了，即使两个人结了婚也不会有幸福。可是，善良的威玛坚信，自己一定可以改变托蒂。最后，威玛和托蒂还是结了婚。

本来，威玛认为结婚后的托蒂一定会有所收敛，可不承想他更加变本加厉。他不光阻止威玛给乞丐钱，而且还把家里所有的小动物都扔了出去。托蒂还警告威玛，让她以后不许随便和邻居们说话。

威玛虽然想尽了各种办法，却都不奏效。无奈，威玛只好选择放弃，默默忍受婚姻的折磨。

选错伴侣的婚姻很痛苦，也很无奈。那么，究竟怎样才能使自己拥有一双"明辨是非"的眼睛呢？我这里有几点建议，应该可以帮助女士们选择一个好的伴侣。

### 1. 观察他的生活用品使用情况

如果他的家凌乱不堪，那么女士们最好在结婚前做好思想准备，考虑一下自己是否可以和一个不爱整洁的男人生活在一起。

### 2. 观察他所结交的朋友

一个人的品质高低可以通过他所交的朋友看出来。此外，如果一个男人身边有太多的女性朋友，那么女士们就该慎重考虑一下了。

### 3. 观察他是如何与孩子相处的

一个能够和小孩子相处得很好的男人，将来一定会是一个好父亲。相反，一个对小孩子十分厌烦，而且不愿意与小孩子亲近的男人，一定不会是个好父亲。

### 4. 观察他是否守时

如果他和你约会每次都迟到，就可以证明你在他心中位置并不重要。因为与其他事情相比，和你约会这件事应该排在后面。

### 5. 通过他最喜欢谈论的话题来判断他的个性

如果他喜欢谈家庭，那么就证明他是个顾家的人；如果他希望你能够和他一起分担痛苦，那么他就是个比较自私的人；如果是那种目空一切的男人，最好离他们远点。

### 6. 观察他怎样评价别人，特别要注意他对前任女友的评价

尊重以前女友的男人才是大度的，如果他刻意诋毁前任女友，那女士们还是小心为妙。

### 7. 观察他对母亲的态度

一个男人对她母亲的态度可以直接反映出他对女性的态度。如果他对母亲十分好，那么就说明他比较尊重女性。不过，你们需要注意的，如果他对母亲言听计从的话，则表明他很有可能有很强的依赖性。

### 8. 观察他对待事业和家庭的态度

男人绝对不能没有事业心，但如果他的事业心太重，他用在家庭和你身上的心思就会很少。而且，太醉心于事业的男人，大多有指挥他人（包括女人）的欲望。生活中和太有事业心的男人相处，最大的伤害是精神方面。譬如，你要他陪你逛街，他说没意思；你要他陪你看电影，他说没时间。他事业取得了成功，你也跟着风光，但那是别人看到的，别人看不到的是漫漫时光里你的寂寞。

9. 观察他的人生观是否和你一致

人生观也是婚姻中重要的因素。在婚姻中你是什么人都没关系，最要紧的是得找一个和你人生观一致的人，这样你们的婚姻生活才是幸福快乐的。

# 3. 爱他，并不代表要给他全部

社会问题专家卢卡尔曾经说："现在婚前性行为已经成为了困扰美国的一种非常严重的社会问题，而由此带来的未婚先孕的情况则更加可怕。私生子已经成为当今时代最重要的社会问题，甚至比犯罪、毒品、文盲、贫穷以及无家可归更棘手。我不是危言耸听，这一切的根源都是私生子。"有关机构曾经做过相关的数据统计，证明近年来，青年男女发生婚前性行为的概率正在以极快的速度增长。很多年轻人甚至把这种行为看成是时尚或潮流，认为不发生性行为就是一种落伍的表现。

虽然我不赞成禁欲主义，但是我更加反对那种不负责任的婚前性行为。由于生理、心理和社会等方面的原因，婚前性行为发生以后，女性比男性受到的伤害要大得多。因此，我奉劝女士们，要想获得幸福，请慢解你们的罗衫，不要去尝试上帝的禁果。

婚前性行为，特别是未婚先孕，往往给女性的身体带来非常大的危害。如果一个女人在不想生育的情况下怀了孕，那么补救的措施只能是进行人工流产。然而，在自身、家庭以及社会三种压力的逼迫下，很多女士都不能享受到进行正常人流的女性应该享受的待遇，结果使自己落下终身的疾病。

美国生殖健康研究协会主席罗尔德·帕尔克曾经在杂志上发表过一篇文章，内容是这样的："即使是在正规医院进行人流手术也是有一定危险的。人流很可能会造成女性以后的月经不调、性冷淡、习惯性流产、生殖器炎症、不孕不育甚至宫颈癌等疾病。"

如果说生理上的疾病还能治疗的话,那么婚前性行为给女性心理上造成的伤害则是后患无穷。在所有的婚前性行为中,大多数都是男方主动提出而女方处于被动接受的状态。当事情发生以后,很多女性的心理会产生恐惧、自卑、冲突等想法,结果导致女性背上沉重的心理包袱。

同时,在发生婚前性行为之前,男女双方都处于一种平等独立的状态,而且双方都有自主选择的权利。然而,一旦双方发生了性关系,那么女性对男性的性魅力就荡然无存,导致男方对女方失去兴趣。这还是次要的,更主要的是,男方在与女方发生关系之前,往往处处迁就女方。然而,一旦双方冲破了最后一道底线,那么男方就认为自己已经彻底拥有了女方,并且可以随意地支配她。

此外,这种心理的变化同样发生在女方身上。一旦女方失去了贞节,那么就势必将自己的肉体和灵魂交付给对方。由此,女性往往产生一种心理,那就是害怕男方的抛弃。于是,她们开始迁就男方,甚至容忍男方所犯下的任何错误。结果,这些女性亲手葬送了自己的幸福。

很多女士在发生性关系之前还有这样的想法:"他要求和我发生性关系,如果我拒绝的话就表示不爱他。因此,我只能选择答应,因为那样才能表现出我爱他。"事实真是如此吗?恐怕不是。据调查表明,很多恋人在发生性行为之后,男方就开始猜忌女方,认为女方既然可以如此随便地委身于自己,那也一样会随便地委身于他人。倘若女方在此之前有过男友,那么男方的这种猜忌心理就会更加严重。轻者会导致以后的关系不和谐,重者则可能立即终止恋爱关系。

结婚是每个女孩子都向往的事情,新婚生活应该是最甜蜜的。我不能一概地说,那些有过婚前性行为的女士就一定得不到幸福,但我却可以相当肯定地说,这种行为会加大你失去幸福的概率。因此,年轻的女孩在热恋的时候最好想办法让自己冷静下来,爱他并不一定要给他自己的全部。

## 4. 流水无情草自有春

爱情对于女人是一种浓得化不开的哀愁，她们无法忍受流水无情的残酷。下面这一幕情景也许你再也熟悉不过了。

恋爱中的女孩禁不住问："你爱我哪一点？"

"嗯，我爱你温柔、听话、体贴、善良、美丽。"听着男孩把人间一切美好的词汇——用来形容自己，哪怕他说上三天三夜，女孩也不会觉得腻。

大多单纯的女孩轻信了男孩的话，她天真地认为，这就是自己吸引男孩的真正原因，所以不断努力改变自己，让自己变得更加温柔、乖巧、体贴。她用全部身心来爱着那个男孩，以为只要自己成为了男孩口中的"完美女孩"，就能将男孩牢牢"拴"在身边。

然而，女孩越努力改变自己，试图变成他想要的样子，男孩越是觉得不满、压抑；女孩越想拴住男孩，男孩就越想要逃离。一次激烈争吵过后，男孩平静地说："我们分手吧。"女孩吃惊地望着男孩，过了许久才幽幽地问："为什么？"

"因为，你的爱让我窒息。"男孩顿了一下，接着说，"我知道，为了我，你付出了很多。放弃了工作，和父母也闹翻了，整天就围着我转。可是，我是个独立的人，我不想让你像影子一样紧紧地跟着我，我也需要自己的空间和生活。"

"可我这么做，还不是全都为了你？"女孩委屈地说。

"是啊，你这么做全都是为了我，那么以后，也请你为自己考虑考虑吧。"男孩说完转身要离去。

"我爱你,我不能没有你。"

女孩痛哭流涕哀求对面的男子。

当然,这样的哀求于他不过是蚍蜉撼树,他早已坚定了离开的心。她的眼泪和哀求,会让他略略心疼,但绝不会让他回头。

"分开吧!不要再继续了!"

她最后的挽留宣告失败。于是,她把自己扔进了心的牢房,开始了对自己精神上的酷刑!

女人总说自己遇上了坏男人,被他们伤得很深。其实,真正的伤害都是女人自己强加给自己的,是自己反复地告诉自己多么离不开他。分手后,女人更爱把自己锁进心的密室,把和他一起的所有画面用显微镜仔仔细细来回味。他的声音还缱绻在耳侧,他的样貌还眷恋在眼前……她忘不掉……她受不了……她忍不下失去他的痛。即便往日他对她不见得多好,但失恋的女人,只觉得心里疼,好像谁抢走了她的宝。其实,他本不属于你,又何来失去?

女人的大问题就是常常爱给自己的心施压加码,她反复暗示自己——我离开他不行!

是真的离开他不行吗?

没有他你真的不能活吗?你还能呼吸,还能吃饭、睡觉。只不过是身边少了一个人陪。分手就像拉橡皮筋,放手早晚的问题,只是晚放手的那个会疼,但不会一直疼下去。

虽然失恋不是件愉快的事,但当他对你说"分开吧",你可以大声地告诉他:"我爱你,但我可以没有你。"

为什么要对一个决心离开你的人思念憔悴呢?你以前错就错在太在乎男孩,而完全忽视了自己。你可以什么都为他着想,任何时候都把他摆在第一位,你都不爱自己,不在乎自己,又怎么能奢求别人在乎你呢?男孩说得很对,从现在开始,你还是好好爱自己吧。男人不会爱你超过你爱自己的。

女人习惯这样，一旦认准了某个男人，就会全心全意地付出。为了给男人买昂贵的西装，自己甘愿穿从地摊上买来的廉价货；为了拴住男人的胃，情愿熏在油烟里，在厨房里反复提升自己的厨艺；为满足男人的事业心，甘愿回家做他背后那个默默无闻的女人。她们抛弃事业，抛弃自由，甚至抛弃自我，只为让男人永远爱自己。可是，她们不曾想到，越这么做付出越有可能被"忽略"。

其实，最根本的原因是这些女人不会爱，也不懂得怎么让男人爱自己。

爱的真谛不是紧紧抓住自己所爱的人不放，而是给他自由任他飞。成熟的人是不会占有任何人的感情的，他会让自己所爱的人自由，就如同让自己自由一般。和其他的创造性力量一样，爱存在于自由之中。

作家普瑞西拉·罗伯逊在《竖琴家》杂志上曾这样给爱下定义："爱，就是给你所爱的人他所需要的东西，为了他的利益而不是你自己的。用心想想别人把你所需要的东西送到你手里时的感受。爱不是所谓的'家长主义'的剥削和专制，爱包含给予孩子他们所需要的独立。爱也包含各种性关系，但并不是对自负或青春的狂乱追求的那种性格的利用。我的定义还包含你给予那些曾经让你知道自己是哪种人、你会成为哪种人的少数几个人——老师或朋友的爱；它亦包含善良——对整个人类的关怀，而不是把石头投给一个需要面包的人，或者在他不需要面包而需要理解时却硬塞给他面包。"

生活中总是有很多自作聪明的"善心"人，他们总是把我们不想要的东西硬塞给我们，而我们想要的东西却死死地抓住不给我们。这些人不应归属于爱心人士的行列，心理学家或许还会得出这样的结论：他们无用的爱心不经意地制造了敌意。

"爱是盲目的"是最误导人的一句话。只要擦亮爱的眼睛，我们就能认清楚身边的每一个人。我们内心深处都存在着两个自我：一个是随意或者冷漠的自我，一个则是因害怕伤害或误解而变得敏感、封闭的自我。我们采用沉默、害羞、进取、坚强等各种姿态对它进行伪装、保护，其实内心深处却渴望有人帮助我们挖掘出真正的自我。爱具有特殊的洞察力，它能透视人心，它可以回答你"我为什么爱他"这个永恒的问题。

想要学会爱，我们就应该持这样的态度。淡定的女孩会非常清晰地给自己的人生一个定位。她们或许不够有钱，不够漂亮，人生也不够完美。但是，在这并不完美的人生里自己却是绝对的主宰者。

## 5．淡淡的羞涩是最美的风景

羞涩，是女性独具的特色，是特有的风韵。我认为女人的羞涩是有着惊人的魅力和功能的。她可以唤醒两性关系中的精神因素，从而使两性之间的生理作用减弱了许多。在这个世界上，没有任何一种色彩能够比女人的羞涩更美丽。

心理学家唐纳德·鲁卡尔曾经对1000名男士做过一项调查。他首先问这些男士，在他们心里，什么样的女人才是最美丽的？结果，1000名男士分别给出了各种各样的答案，有的说脸蛋漂亮，有的说身材苗条，还有的说气质高雅。可是，当唐纳德问他们认为女人在什么情况下最美丽的时候，那1000名男士几乎都回答说："羞涩的时候。"后来，唐纳德发表了一篇调查报告，其中写道："对于所有的男人来说，我是说所有，最无法抗拒的就是女人的羞涩。女人的魅力有千百种，女人也可以通过各种各样的方式来吸引男士们的注意。但是，不管什么方法都不能和羞涩相比。我可以肯定地说，懂得羞涩的女人永远都是最美丽的。"

"羞涩"这个词似乎已经离现代人越来越远。的确，干吗要羞涩？在这个竞争如此激烈的社会，羞涩又能起到什么作用呢？你害羞，那好你就别想找到一份工作；你害羞，那你就别想领到高薪水；你害羞，那你就别想得到升职；你害羞，那么你终将饿死……这是大多数女性的想法。我不是随便说的，事实上很多女士都认为只有性格泼辣一点，做起事来风风火火的人才能在这个社会上更好地生存。至于羞涩，那都是几百年前童话里的东西了。

首先，我要肯定女士们的这种想法，因为如今不管遇到什么事，如果你不去主动争取的话，那么成功的可能性将会小很多。不过，女士们并不能因此就否定了羞涩的重要性。事实上，羞涩是人类的一种美德，也是人类文明进步的产物。著名的专栏作家狄卡尔·艾伦堡曾经说过："任何一种动物，即使是最接近的人类的黑猩猩，也绝不会有羞涩的表现。人类最天然、最纯真的情感表现就是羞涩。这是一种难为情的心理表现，往往与带有甜美的惊慌、紧张的心跳相连。当人们感到羞涩的时候，他的态度就会显得有些不自然，脸上也会泛起红晕。对于女人来说，羞涩就是一枝青春的花朵，也是一种女人特有的魅力。"

几天前，我去参加了朋友的婚礼。婚礼举办得很隆重，新娘子也很漂亮。当婚礼仪式结束以后，在场的来宾一致要求新郎讲述一下他们的恋爱史。新郎有些腼腆地说："我和我妻子是在一次舞会上认识的。事实上，那天舞会上有很多漂亮迷人的女士，我妻子在其中并不显眼。然而，当我去请她跳舞的时候，我的心却被她俘虏了。我走到她的面前，很礼貌地对她说：'小姐，能请你跳支舞吗？'

"当时，我妻子很害羞地低下了头，脸上泛起了红晕，怯生生地说：'对不起，先生，我怕我跳不好，那样会出丑的。'我确信那是世界上最美妙的声音，而她就是我生命中的天使。我不知道自己怎么了，但我确定我已经爱上她了。从那以后，我对她展开了疯狂的攻势。

"开始的时候，我总是找借口约她出来，或是送她一些礼物。可她每次都很羞涩地拒绝我。你们可能认为我会退缩。不，她的这种羞涩反而让我对她更加痴迷。于是，我开始不停地约她，送她礼物，并且向她表达爱意。当我把求婚戒指摆在她面前的时候，她的脸就像是一个红红的苹果。我能觉察到，她太紧张了，因为她不停地喘着粗气。那时，我真觉得她是世界上最美的女人。还好,最后她终于答应了我的请求,成为了我的妻子。"

对于女性来说,羞涩是你们独具的特色,也是你们特有的风韵和风采。我承认,有时候男士也会羞涩,但是最迷人的且出现频率最高的还是女人的羞涩。羞涩常常会让一个男人显得有些狼狈甚至可笑,但它却会让一个女人看起来魅力非凡。相反,如果一个女性缺少了羞涩,势必就会失去应有的光彩。羞涩是属于女性的,也是女性的特色之美。康德曾经说:"羞涩是大自然蕴含的某种特殊的秘密,是用来压制人类放纵的欲望的。它跟着自然的召唤走,并且永远都与善良和美德在一起。"

的确,很多艺术家也都把眼光放在了女性的羞涩美上。伯拉克西特列斯创作的《柯尼德的阿弗罗狄忒》和《梅迪奇的阿弗罗狄忒》这两幅雕塑作品都反映了女性的羞涩之美。羞涩就像一层神秘的轻纱,轻轻地扑在女人的身上,让她们看起来有一种朦胧感。对于男人来说,含蓄的美最有诱惑力,最能激发他们的想象。因为,当女士们表现出羞涩的时候,男人将会为你如痴如醉,痴狂不已。

女士们,请不要遗失了女性那美丽的、纯真的、朴实的羞涩,那是女性最天然的本色,最动人的内涵,最完美的语言,最能让人折服的自信!

## 6. 优雅的女子惹人爱

女人可以不漂亮,但不能不优雅,你的粗俗将会毁了你的幸福。只有举止优雅的女人,才会赢得男人的尊重和爱。

优雅,表现了女人有修养、有内涵,她们在一举手、一投足之间,都会使人觉得恰到好处,很有分寸。确实,要做到这点,没有智慧,没有修养那是无法想象的。

人们往往对举止粗鲁、不讲文明的女人嗤之以鼻，即使这种女人腰缠万贯，也没人愿意把她们当上宾看待。但优雅的女人则不同，即使她们没有钱，没有名声地位，就凭她们优雅的举止，便足以赢得人们的尊重。

人们常说，做女人就要有女人味，要优雅。如果一个女人举手投足都男性味道十足，言辞粗俗，她即使长得再漂亮也不会给人美感的。

优雅，是女人的必修功课，是女性魅力的最高境界，是女人走向世界的性别资本。我们不妨对"优雅"这个词进行细致的分析，所谓的"优"指的是一个人内在的品质、涵养、气度、心态所具有的完美状态，而"雅"则是内心所处的完美状态的外化，是优雅的举止、文雅的谈吐和高雅的形象。优雅实际上是内在和外在完美结合的产物，是一种内外交融的神韵之美。

优雅是女人的魅力武器，是女人征服世界的百变资本。善于运用优雅的女人，总能比阳刚味道十足的"女强人"更容易成功。因此，我们不得不提到埃及艳后克里欧佩特拉，她就是一个完全依靠性别魅力攀上权力顶峰的优雅女人。

现在考古发现埃及艳后并不十分漂亮，甚至可以说是面貌普通，可是她仍然先后让罗马的两个英雄——恺撒和安东尼为之倾倒。这一切都源于她过人的优雅。

克里欧佩特拉见恺撒的场面很生动。一个背着一包毯子的人被带到恺撒面前："先生，我这货物是您从来没看见过的。"她小心翼翼地把背包放在地上，轻轻打开。看到恺撒面露惊异，她微笑了："先生，我说得没错吧？"

可是，恺撒却说不出话来，因为从那堆挂毯中跨步而出的是艳丽超群的埃及公主。

公主红发披肩，笑意迎人，体态柔软，举止活泼。

面对这个芳香可人的埃及公主，恺撒如钢铁一般的意志被击溃了。18岁的埃及公主嫁给了年近半百的恺撒，从此埃及公主变成了埃及艳后。

后来恺撒兵败，她又用特别的方式征服了罗马的另一个统帅安东尼。

风光旖旎的尼罗河上，装饰极为华美的画舫，上面倚着一位绝代佳人，她就是埃及艳后，清风拂面，使她的脸庞变得格外绯红……从这画舫之上散出一股奇妙扑鼻的芳香，让叱咤风云、骁勇善战的安东尼春心浮动。

安东尼遣人请她下船相见。不料，女王反而传话让他到自己的御船上来。这对于征服者来说无疑是一种公开的挑战，安东尼对这种出人意料的抗拒感到惊奇。他不由自主地上了船，走到风姿绰约、典雅娴静的女王身旁。丘比特的爱箭，一下射中了这位高傲自负的男人。

二十几岁的女人，要为自己的生命，去除粗俗的杂草，让优雅的性情得以滋生，做个优雅的女人，还自己以女人本色，这样你才能够魅力永存，芳香四溢！

## 7．如果爱，请先自爱

"人一生可以说共诞生过两次：第一次是为生命而诞生，第二次则是为生活而诞生。正因为人诞生两次，所以人的自尊自爱也就发生两次：第一次的自尊自爱是相对于自然生命的，而第二次的自尊自爱则是相对于人的社会生命。如果你生命中的第一次自尊自爱没有发生的话，那么第二次自尊自爱也就无从说起了。只有第一次自尊自爱的人是不可能放出人性的光辉的。人诞生两次才能算是一个完整意义上的人，而自尊自爱也只有发生两次才能发展成为一个真正统一的、完美的人生。"

这段话出自卢梭之口，它深刻地揭示了人生的真谛。女士们，我想你们无一例外地都想得到别人的尊重和爱，这是每一个有思维的人都渴望的。的确，只有从别人的身上体会到了尊重和爱，这样的人生才有意义，才快乐。然而，很多女士在追求这种尊重和爱的时候往往忽略了一个非常重要的前提，那就是自尊自爱。

以前，我在密苏里州居住的时候，我们镇上有个女孩非常有名，大家都叫她"疯丫头"卡拉。那时卡拉还不到20岁，在一所中学念书。听人说，卡拉是个非常漂亮的女孩子。关于卡拉的事，我都是从别人那里听来的。人们都说，卡拉是个性格豪爽、不拘小节的姑娘。

曾经有人这么说过："这个小镇人杰地灵，出过很多优秀的男孩。可是，如果你没有成为过卡拉的男朋友，那么你就永远算不上这个镇上真正优秀的男孩。"据说，卡拉交的男朋友完全可以组建一个小的公司，而且这些人个个都很出色。卡拉从来没有认真对待过感情，因为在她看来，恋爱不过是场游戏罢了。她和每一个男朋友相处的时间都不会超过3个月。当感到厌烦的时候，她就会马上寻找一个新的目标。就这样，卡拉浑浑噩噩地度过了自己的青春时期。

后来，卡拉到了谈婚论嫁的年龄。可是让她始料未及的是，居然没有一个人愿意娶她，就连一直对她不死心的那些人也不愿意。他们告诉卡拉，她只适合当情人，而不适合当妻子。因为没有一个人会愿意娶一个不自爱的、没有尊严的女人。他们之所以疯狂地追求卡拉，不过是想寻找一下新鲜感和刺激罢了。至于结婚，他们和卡拉一样，根本就没有考虑过。

是的，这一切能怪谁呢？在现实生活里，女士们必须要养成自尊自爱的习惯。道理很简单，只有懂得自尊自爱的女人，在生活中才能树立起自信，才能自强不息。同时，只有懂得自尊自爱的女人，才能得到别人的尊重和爱。女士们只有懂得了自尊自爱，才能真正珍惜自己的生命和人格，才会真正意识到生命的价值，从而鼓起勇气面对人生。女士们有了自尊自爱，就一定可以维护自己的正当权利，并且勇敢地承担起做人的责任。

自爱代表着自己爱自己，对自己好一点，从而将自己的生活变得美好、精彩，还很有品质和品位。不要因为受到一点点伤害就自暴自弃，也不要为了得到某些东西而妥协，更不要因为别人的不爱而放弃对自己的爱。对于一个女人来说，只有懂得了自爱，才能真正懂得如何去爱别人。

此外，女士们在社会中生活一定要有一种"平等"的心态。这种平等意味着两者之间在地位上、感情上没有高低贵贱之分，而创造平等的来源就是自尊。如果为了得到某些东西，哪怕是爱，而放弃自己最起码的做人尊严的话，那么你的人格也就荡然无存了。如此一来，你与对方相比，就已经是处于下风了。你不但得不到对方的认可或尊重，反而会成为对方眼中一个毫无尊严、卑躬屈膝的人。更加可怕的是，这种人格的尊严一旦失去了，就再也不可能找回来。

琳达在一次舞会上认识了罗杰。她对罗杰一见钟情，并认定他就是自己生命中的白马王子。两人的感情发展很快，并在认识的第一天晚上就同居了。在开始的那段时间，琳达和罗杰的确过了一段甜蜜的生活。然而，好景不长，琳达很快就发现罗杰有事情瞒着她。最后她才得知，原来罗杰已经是个有家室的人了。很多人都劝琳达离开罗杰，可琳达却根本听不进去。她坚持认为自己和罗杰是真心相爱的。后来，罗杰主动找到琳达，并和她提出分手。但此时的琳达已经陷得太深，根本无法自拔。不管罗杰怎么劝说她，琳达就是不同意。最后，罗杰告诉她，只要她能够拿出10万美元，那么他就愿意和妻子离婚。为了找到自己的"幸福"，琳达四处借钱，终于凑够了10万美元。然而，现实却跟她开了个不大不小的玩笑，罗杰在拿到钱以后就远走高飞了。

临走前，罗杰留下了一张字条，上面写道："这一切的结果都是你自己造成的。我认识你的时候正是最失意的时候，因为我和太太当时的感情很不好，已经决定离婚。本来，我还以为你是我的第二次真爱，可是事实却让我失望。我们才认识一天，你就已经和我同居，这让我感到你是一个轻薄放荡的女人。我已经和你说得很清楚了，我们不可能在一起，可你非要坚持，而且不管我怎么劝你，你从来都没有反抗过，甚至还愿意筹集那10万美元钱。这一切让我觉得你是一个没有自尊的女人。一个没有自尊且不自爱的女人有什么资格得到一个男人的爱？你不过是一个玩偶而已。"

琳达女士为自己的行为付出了代价，而且是非常惨痛的代价。我想，如果琳达女士想得到真正的幸福爱情，那么她首先要学会自尊自爱。

女士们，我真心地希望你们牢记本篇文章中的每一句话，因为你们只有做到自尊自爱，才会拥有快乐的人生。

## 8. 别让爱情提前落幕

女孩接受的教育使她们以为爱情是生命中第一要紧事，而男孩被教导在工作、竞赛中取胜，恋爱并不是首要的东西。女人喜欢爱情有紧张感、有挑战，能让她们销魂失魄，所以就容易匆忙陷入危险的动情境地。男人在这一方面较为谨慎，在与女人的接触中，他们是自卫型的，有一种掩饰自己的恐惧和焦虑的需要，早年的教育使他们即使动了情，无法把握自己和对方时，也不表现出慌张。

其实，无论是男人还是女人，我们的情绪受制于人常常是连自己也没有意识到的。当爱情得不到回报时，我们可能经历比死亡更为惨烈的痛楚，因为它是对自尊心的伤害和对自信心的痛苦一击。

当你的男友脸上出现阴云时，如果你能送上几句"花言巧语"，他不仅会马上怒气全消，而且还会觉得你懂事理，善解人意。

"没有吵架的爱情"对恋人相处来说，无疑是天方夜谭。俗话说："谁家的烟囱都冒烟。"即使是最恩爱的恋人，两人共处的时间长了，难免也会遇到不快乐的事，恋人间总有相互顶撞的时候。很多女性害怕和男友吵架，也尽量避免，认为两人产生冲突及愤怒是不好的，容易损害双方的感情。而事实并非如此。恋人之间的吵架只要把握得好，未必不是好事，因为这样的吵架，既可以增添一些生活情调，又有利于了解彼此的观念，消除双方在意见上的分歧。

只要懂得了吵架的艺术，恋人就能虽吵犹亲，爱情的纽带也将越来越紧。那么，怎么才能做到这一点呢？

### 1. 不揭短

一般来说，恋人双方都十分清楚对方的毛病和短处。在平时，彼此顾及对方的面子而不轻易指出。可是一旦发生争吵，当自己理屈词穷、处于不利态势时，就可能把矛头对准对方的短处，挖苦揭短，以期制伏对方。有道是"打人莫打脸，骂人不揭短"，人们最讨厌别人恶意揭短，这样做只会激怒对方，扩大矛盾，伤及两人之间的感情。

### 2. 不翻旧账

为了哪件事吵，谈清这件事就行了，不要"翻旧账"，拿陈芝麻烂谷子做证据。这样做，不但无助于解决眼下的矛盾，而且还容易把问题复杂化，新账旧账纠缠在一起，加深怨恨。恋人争吵最好就事论事，不前挂后连，这样处理问题，才容易化解两人的冲突。

### 3. 不带脏字

两人争吵时，你有可能高声大嗓，说一些过激过重的话，但是绝不能带脏字。有些女性平时说话带脏字和不雅的口头禅，争吵时也可能顺口说出来。然而，这时男友就有可能不再把它当成你口头禅，而视为骂人，这样的后果是很不好的。

### 4. 不可进行人身攻击

争吵时难免各执一词，两人都感到真理在自己这边，对方是胡搅蛮缠，往往使用评价性语言贬低对方。比如："你太自私了！""你真是不可救药！""和你说话简直是对牛弹琴！""你这个人四六不懂，简直不可理喻！""你是一个无赖！"这些贬低对方的话，很容易刺伤他的自尊，他为了维护自己的尊严，会跟你一直争吵到底。男友不是你的仇人，你和男友吵架应该是对事而不对人。如果你对你的男友进行人身攻击，你可能解恨了，却更加暴露出你这个人修养不够，更让你的男友对你无法忍受。

### 5. 以冷对热

以冷对热的关键，就是你吵我不听。在男友感情激动、控制不住自己的时候，任他发火，任他暴跳如雷，不去理睬他。"一个巴掌拍不响。"一个人吵，就吵不起来，等他情绪平和以后，再和他慢慢说理，他就容易接受。

### 6. 主动退出

其实男孩子也会生气，也会不高兴。一般恋人在争吵之后，女孩子都希望男孩子主动认错，一次两次还没什么，一旦次数多了，就会让男方感觉到女方太不懂事，小姐脾气太大，不容易相处。这样的感觉一旦产生，双方感情继续发展的可能性就不大了。这个时候女孩子不妨放下架子，主动退出，给男友送上几句"花言巧语"，这样做，他不仅会马上怒气全消，而且还会觉得你懂事理，善解人意。

你们吵架时，应知道什么时候该停。如果争吵到了一定时候和一定程度，发现这样下去还不能解决问题，那么你就要及时刹车，并提示对方休战了。这并不是屈服、投降，而是表示冷静、理智。比如你可以说："我们暂停吧！这么吵也解决不了问题，大家冷静点，以后再说。"或者说："好了，现在不跟你吵！"等男友把情绪平稳下来再说。因为在情绪激昂时，根本就难以沟通。

懂得吵架诀窍的女人可以称为"聪明的恋人"。恋人争吵只要把握好了度，就不会伤及感情，"雨过天晴"，两人又会和好如初。

当你与男友因事发生矛盾出现冷战局面时，你要学会打破沉默、消除冷战，从而握手言和，重归于好。一般来说，打破沉默、消除冷战的方式有以下几种：一是直言和解，如果你们的矛盾并不大，只是偶然出现摩擦，就可以直截了当和对方打招呼，打破沉默；二是认错求和，如果你意识到发生矛盾的主要责任在自己，就应主动向对方认错，请求谅解，即使错误不在自己一方，也可以主动承担责任，这样男友会更加爱惜你的。

# 上篇

## 第二章
## 女人30，爱是一种成熟的味道

　　成熟是一种状态，淡定是一种态度。人成长到成熟要有一个过程，当女人走过葱茏的青春，在成长中慢慢走向成熟，品尝到世事沧桑，学着平淡看得失，在种种繁华落尽之时可以调节自己，控制自己，把握自己，不轻易迷惘，不轻易争夺，也不轻易放弃。那种淡定的气息开始沁入心底。

　　30岁的女人大多已经步入婚姻的殿堂，组建新的家庭。所以，她们首要的任务就是做一个家庭的优秀管理者，当好婚姻这条没有航标大船上的好舵手；同时她们也是家庭的半边天，不但承担着工作，还承担着教育孩子的责任，还是丈夫的"强心剂"和"维生素"。30岁的女人日渐聪慧，她懂得克制谦让和包容，举手投足端庄娴雅，让自己处处都散发出浓浓的女人味和迷人的气息。

## 1．30岁是一个万种风情的年龄

对于大部分女人来说，一旦到了30岁这个关键的年龄，都会感到一种莫名的恐慌与茫然。好像忽然间，青春不在了，美丽也将远行了……那么30岁的女人该如何来处之呢？这便成为了很多女人心中的一个迷惑。

是啊，30岁的女人，看似没有多少资本可供挥霍。但是，我说当女人30岁时是资本最为雄厚的，她们不但拥有魅力，还拥有一种比外表更珍贵的内涵。一个30岁的女子款款走来，穿着得体服装，脸上施着淡淡的妆，那样曼妙如同是一首沾着自由露水的诗行，是粉红的长袖握在手心的飘逸，是绿色枝条间自由飘飞的仙子，让人眼前不由得为之一亮。

当一个女人到了30岁时，应该是风华正茂的时候，她们已经走上了一条成熟、独立、宽容、优雅的道路；而不是之前的骄傲、任性、幼稚和放纵。

30岁的女人是最有魅力的女人。她们已经褪去了30岁之前的年少张狂，渐渐变得平和、宽容、内敛，在她们的内心深处多了一份成熟与稳定，举手投足间流露出来的也尽是成熟与自信。

我不止一次地听到男人用"风情万种"这个词评价30岁的女人。女人之间也常常戏谑："看好自己的老公，别让他遇上30岁的女人。"这说的正是异性眼中，30岁女人身上的那种挡不住的风情。"风情"二字，只有30岁的女人才能坦然承受。这种风情不似花红柳绿、姹紫嫣红，也有别于风韵犹存，如一曲美妙的华尔兹，举手投足间流露成熟、自信和优雅。

30岁的女人不再用天生丽质形容自己。她们知道自己的皮肤正在走下坡路，不再光洁如玉，于是她们开始基点自己的容颜，更懂得装饰自己的智慧与才情。

30岁的女人，如陌上的阳天，高兴的时候浅浅地笑，哭泣的时候抓心挠肺，往往抑冲动于贤淑之中。她们知道什么是收，什么是放，该舍的舍，该得的也不会含糊。她们深谙职场、情场的游戏规则，不会为难对手，更不会为难自己。

青春不再的30岁女人修成了正果：她们把美丽炼成自信，把年龄化为宽容，把时间凝为温柔，把经历谱成曲子，将最流行的东西不动声色地拿来为己所用。她们在岁月的滋养中日渐绽放出珍珠般的光华，时间和经历甚至可以成为30岁女人骄傲的资本——在轻描淡写中微微一笑，散发着自信与从容。她们轻易获得年龄的宠幸，或者说这样的年龄最是恰巧合适。

## 2．保持身上的那一抹芳香

歌德说："严格说来，美人是在一刹那间才是美的，当这一刹那过去以后，她就不再算得上美人了。"随着岁月的流逝，再貌美的女人也无法让红颜永驻。然而女人的气质，却是岁月无法带走的，而且它会随着岁月不断增加。可以说，只有优雅的女人，才会赢得男人的尊重和爱。

生活中，很多女人婚前还是聪明独立的个体，充满了吸引异性的个人魅力。可步入婚姻后，有了丈夫，就没了自己，以为自己被固定在既定的婚姻中，就不需要再费尽心思讨好丈夫的眼光了，变成了丈夫的附属品。婚姻中的若干琐碎将她们原本棱角分明的个性磨得面目全非，而她们丈夫的眼睛，却从来没有停止对"美好事物"的猎取。

有的女人在婚姻的前几年保持着对丈夫的吸引力，可日子越久，丈夫越不关注她们。也就是说，他们碰到了"婚姻之痒"。婚姻之痒的出现，说到底是夫妻双方的吸引力消失。要避开婚姻之痒，妻子需要提升本身的吸引力，不断创造新鲜感，给自己的丈夫一种美好的心理感觉。

美是爱情"亲和力"的一个因素。漂亮的女人首先能得到男人的好感，引起人们的遐思，让人第一眼就能产生很好的印象，而这也正是漂亮女人们与生俱来的资本。

虽说男人找妻子并不都以相貌、身材为标准，但不可否认，女人的姿色对男人来说，是一种很强的吸引力，很多男性都坦言自己喜欢与漂亮的女人交往。

古语说："女为悦己者容。"对女人来说，爱美是一种积极的表现，至少说明她们对生活充满了希望，希望得到男人的关注和赏识，她们有一种积极的生活态度。现代的女性说，"女为己悦而容"，打扮自己，让自己随时随地从容自信，让自己开心，也让别人舒心，何乐而不为呢？

结婚之前，没有一个女人能想象到自己在岁月中会慢慢熬成"黄脸婆"，他们不想让男人看到自己老去的痕迹，更不想让男人看到自己糟糕的形象。可实际上，很多女人一旦结了婚，无形中不再是以前清纯可爱、羞涩文雅的她了，而是变得节约、不修边幅，她们不再购买漂亮的衣服，不再购买昂贵的化妆品，总是把自己弄得蓬头垢面。

的确，女人因为结了婚而疏于打扮，因为生孩子而让自己的身材走样。结婚前素面朝天能吸引男人，是因为那时候有"年轻"作为资本，但是结婚后无情的岁月和烦琐的家务，使女人的青春在不知不觉中消失殆尽。女人的牺牲或许能换来丈夫的爱，但也有可能换来丈夫的背叛，那些变了心的丈夫们几乎都会用"黄脸婆"、"合不来"、"没有情趣"等词来形容在家中操劳的妻子。

被男人娶进门的女人，放松了对男人的警惕，真以为男人在乎的是她的贤惠，而不是容貌。跟外面那些淡妆浓抹，或清纯，或性感，或能干的女人们比起来，早已熬成"黄脸婆"、"老黄牛"的妻子们除了落个"贤妻"的口碑，还能落得什么实惠的好处？

因此，女人千万不要相信丈夫的那套"即便你美丽不再，我也不会嫌弃你"的谎言，而从此不修边幅，安心在家相夫教子。善良的女人们，与其让丈夫去看别的漂亮女人，不如把自己打扮得更漂亮一点，端庄一点，优雅一点。做个"贤妻"的同时，为什么不顺便做个"美妻"？

虽然男人常常说"家有丑妻是个宝"，实际上，他们并不把丑妻当成宝来宠爱，丑妻之于他们，是安全的、可靠的、舒服的；但对妻子来说，却是相当的危险，因为她们对丈夫的魅力正在逐渐消失；男人也常常说不在乎你的容貌，但当你突然变得美丽的时候，他们会体会到一份惊喜。

所以，不要舍不得花费时间和精力在自己的形象上。一个女人即使工作再忙，家务再多，也要从容去面对。她可以不天天化妆，但必须购置一些护肤品，懂得护肤；女人可以不喜欢逛街，但必须记得给自己添置新装。这样至少说明你还有爱美的动机。

当然除了外在的形象外，女人更应该注意自己的内在气质。即使做了男人的爱情俘虏，也要做个有气质的俘虏。女人真正的美丽，是内外兼修的美、是外在与内心和谐统一的美，二者缺一不可，这是任何一个成熟男人所知悉的。

我相信一句话，世界上没有丑女人，只有不懂得如何使自己美丽的女人。其实让自己美丽一点并不难，去尝试一下吧，你会得到很多的惊喜。

## 3．优雅的气质离不开大方的仪态

一个懂爱的女人同时也是一个深谙礼仪之道的女人。因为礼仪能够起到美化形象的作用，它要求人们在人际交往中树立良好的形象，其内容十分丰富，包括礼貌、礼节和仪容、仪表两个部分，如仪表整洁大方、服饰得体、待人有礼貌、谈吐文雅、举止端庄等。总之，只有仪表举止合乎文明礼仪，才能使人乐于与你交往，人与人之间的关系才会趋于融洽。

我曾经在新得克萨斯州举办了一个培训班，主要讲授如何与人相处的课程。一天，我正独自一人坐在办公室思考问题，突然一阵急促的敲门声打断了我的思路。还没等我开口说"请进"，一位女士就风风火火地闯了进来。

只见这位女士大大咧咧地走到我的面前，顺手拉了一把椅子坐了下来，开口说道："你是卡耐基先生吗？我有一些事情想请你帮忙。"我点了点头，笑着说："是的，女士，不知道有什么可以为您效劳的。"女士对我说："我以前学过文秘，应该说我十分适合做秘书。可我不明白，为什么到现在为止仍然没有人愿意雇用我？"

在她和我说话的时候，我仔细观察了一下，发现这位女士在举止上有很多不妥的地方。比如，她靠在椅子上的身体是倾斜的，腿也在不停地抖动着，眼睛四处游离，双手也不知该放在什么地方。最让人接受不了的是，这位女士还会偶尔做出挖耳朵的动作来。

听完女士的诉说后，我问道："请问女士，您认为一个合格的秘书应该具备哪些素质？"

女士有些满不在乎地说："很简单，有能力、会打字，当然还要漂亮和有气质。"

我顺着这位女士的回答说："那您觉得什么是气质？"

女士有些语塞，不过她还是说："这……总之那是一种让人看起来很舒服的东西。嗨！卡耐基先生，你在做什么？你不觉得这个样子很不得体吗？"

原来，就在女士说话的时候，我把脚放到了办公桌上，心不在焉地听她讲话，而且还时不时地做出挖鼻孔的动作。那位女士显然到了忍无可忍的地步，大声说："卡耐基先生，您是一个有身份的人，怎么可以做出这样的事情来？您要知道，您的一些小举动很可能会影响到您在别人心目中的良好印象。"这时,我马上回到了原来的样子,并对她说:"女士,您说得很对,相信没有人愿意要我这样的人做员工,因为我看起来让人生厌。不过女士,我不得不告诉您,我刚才的举动其实是和你学的。"女士听完我的话后没有说什么,因为她知道自己的确是有这方面的问题。她点了点头说:"谢谢你,卡耐基先生,我知道该怎么做了!"

据说,那位女士后来参加了一个礼仪和形体训练班。如今,她已经如愿以偿地成为了一家大公司的秘书,而且做得还非常不错。

女士们,现在是你们思考问题的时候了。为什么以前那位女士总是找不到合适的工作,而在她参加完礼仪和形体训练班之后就找到了呢?是因为她的能力有所提高了?显然不是,因为到礼仪和形体训练班上课不会教她如何当好一个秘书。事实上,正是因为女士改变了自己不得体的仪态,所以才最终改变了自己的命运。

我知道,很多女士都梦想着自己不管走到哪里都能获得所有人的青睐。为了做到这一点,她们不惜花费大量的金钱和精力来塑造自己的外表。化妆品、文胸、丝袜、漂亮的衣服、昂贵的首饰等,这些东西无疑都成为女士们的首选。在她们看来,穿着性感、珠光宝气、浓妆艳抹的女人才是最有魅力的。

其实,女士们的这种观念是错误的。我首先澄清,我并不是否认外表的重要性。事实上,一个漂亮迷人的女人的确要比一个相貌平平的女人更容易获得好感。然而,芝加哥大学心理学院的教授卢克斯·托勒却说:"每一个人对美的认识都是不一样的,因此每一个人的审美观念也不尽相同。然而,所有人在对事物进行评判的时候,都会考虑内在和外在两个方面。其实,很多人有一个错误的观念,那就是把人的内在美和外在美看成是两个互不相关的部分。实际上,内在美与外在美是密切相关的。在很多时候,人们完全可以通过外在的形式来表现自己的内在美,这也就使我们能通过外在的接触来感觉到对方的内在美。特别是对于女人,如果她们想要让自己充满魅力,外在的表现形式是非常重要的。当然,这不仅仅是通过化妆和穿衣。"

卢克斯教授的这番话是在一次演讲中提到的，我当时是台下的一名听众。等演讲结束之后，我专程拜访了卢克斯教授，并和他深入地探讨了有关"美"的问题。我问教授："您在演讲中所说的那种用外在形式来表现内在美究竟是什么意思？"教授笑了笑，说："怎么，戴尔？你不明白吗？其实，我说的那种内在美也可以称为气质，而那种外在的表现形式就是平时的一举一动，也可以说是举手投足。"

　　的确，卢克斯教授说的这一点很重要，而且它也往往会被女士们所忽视。实际上，真正能体现女士内在气质的关键，就是在这举手投足之间。英国著名演员卡瑟琳·罗伯茨是平民心目中的女王、贵妇人，因为她塑造的角色都是诸如王公贵妇、豪门千金这一类的角色。应该说这些角色很不好处理，因为她们要求演员必须能够演出那种高贵的气质。卡瑟琳·罗伯茨出身于一个普通的农民家庭，那么她是如何做到这一点的呢？

　　卡瑟琳自己接受采访时回答说："在进入影视圈以前，我不过是一个普通人而已。我没进入过上流社会，因此不可能成功地塑造角色。当我第一次接到这类角色的时候，心里害怕极了，因为我不知道自己该怎么演。如果我不能把握那些生活在上流社会的人的'神'的话，那么观众有可能就会认为电影里那个人不过是一个穿着华丽衣服的乡下姑娘而已。为了让自己演得逼真，我开始留心观察那些贵妇人。

　　"在最初的时候，我只是留心她们的衣装打扮、语言谈吐，但我发现那些根本帮不了我。因为我虽然已经尽力去模仿了，但在别人眼里我依然是个下层社会的人。后来，我开始更为细致地观察她们，发现那些贵妇人虽然有时候穿的是很普通的衣服，但同样能看得出她们来自上流社会。最后，我终于发现，原来这些人真正的魅力是体现在平时的举手投足之间。有时候，仅仅是一个非常细微的动作，却能够体现出无尽的风雅来。于是，我开始学习她们的一举一动，而且还特意参加了一些礼仪课程。现在，我终于能够将那些贵妇人演得活灵活现了。不过坦白地说，与其说我是在演贵妇人，还不如说就是在演我自己的生活。"

　　卡瑟琳真的很聪明，因为她发现了一条让自己跻身上流社会的捷径。

我们必须承认，贵族并不能单单以财富、金钱和地位来衡量。他们最显著的标志还是其身上特有的气质。一个家族的气质并不是一两代人就能塑造出来的，那是经过几百年的沉淀积累而成。诚然，女士们不可能在短时间内学会人家这种经过几代人演变的内涵，但我们却可以通过训练使自己在举手投足之间显露出风雅。女士们现在一定迫不及待地想要知道究竟该怎么做？我这里有一些小的意见和方法，也许会对女士们有帮助。

（1）培养自己的自信心；

（2）让自己的身体保持柔软；

（3）训练得体的坐姿；

（4）经常散步；

（5）注意形体与声音语言的搭配；

（6）学学跳舞；

（7）做一些形体训练；

（8）补充足量的水分；

（9）适当休息，让自己保持健康。

第一点是非常重要的，如果你想做一个有品位有气质的女人，那么你首先要做的就是相信自己。如果你没有自信，就不可能有勇气和能力去面对现实，更加不会有心思去培养自己的魅力。第二点到第七点是教女士们如何做一些必要的训练。最后两点是教女人如何做好自我保健。

女士们，要想真正成为众人眼中最耀眼的明星，要想让自己成为最受欢迎的人，不要再为自己平庸的外貌感到忧虑。相信我，只要你们使自己拥有了非凡的品位和气质，那么你们就一定会成为世界上最有魅力的女人。

如果女士们觉得上面的方法太麻烦，自己也没有那么多空余时间去搞什么训练。那么，我再教女士们一种快捷的方法。首先女士们要在心里告诉自己："我想要获得所有人的眼光，我要成为最风雅的女士，因此我必须训练自己的仪态。"然后，女士们到街上买一本有关礼仪的书，把它从头到尾读一遍。接着，女士们要找一面镜子（要那种能照全身的镜子），在镜子面前做各种动作。这时，你们就要以书上写的为基本准则，只要发现自己有哪些不妥的地方就马上更正。这不会浪费你们很多时间，你只需在每天晚上睡觉前做半个小时就够了。

最后，我还要提醒各位女士，你们一定要在平时多留意自己的一些习惯性动作。有时候，这些小的动作会让你远离"风雅"，比如挖耳朵。

我相信，只要女士们将自己的仪态训练得大方得体，那么你们就一定会成为优雅女人。

## 4．既要温柔，又要带有些许清高

温柔是女人的天性，是女人骨子里散发出来的一种与生俱来的气质。温柔的女人，是微笑的天使，是美丽的永恒，她可使美丽纯洁变得更高雅又平易近人，她具有一种特殊的处世魅力，使得人们钟情和喜爱与她交往，这种温柔如绵绵的细雨，润物细无声，给人一种温馨柔美的感觉。

温柔的女人不一定年轻漂亮，不一定满腹经纶，但一定聪慧伶俐善解人意。温柔的女人宛若一方美玉，丰富而又单纯，朴实而又清澈。

"最是那一低头的温柔，不胜水莲花似的娇羞"，道出了女人温柔的婉约美。作为女人，尽可以潇洒、聪慧、干练、足智多谋、文韬武略……但有一点却不能少，那就是温柔。

美丽的外表加上善解人意的温柔，或许这是众多男性心目中的魅力女性。大多数男人最喜欢女人的一个方面是女人的温柔。"柔能克刚"，女人的美貌，只能征服男人的眼睛；女人的温柔，却可以征服男人的心灵，让他们不知不觉中心甘情愿地掉进温柔的"陷阱"里，女人的温柔足以能融化男人的心。

那么，女人如何能做到温柔呢？

## 1. 宽容

宽容是温柔女人第一要素，这是女人温柔的外部表现，温柔的女人应该懂得谦让，对人体贴，不会当众给人难堪，会从对方角度去思考问题。

## 2. 可以柔弱但不能软弱

懦弱、软弱并不等同于温柔。软弱是人的缺点，而温柔则是人的美德，二者有本质的区别，不可混淆。娇滴滴、小女孩腔、乱撒娇这些刻意的东西都与温柔无关，除了能够吸引一些肤浅的男子，只会被大多数人看成是惺惺作态。

## 3. 善良

善良使女人认为世界上的一切没那么险恶，对所有的人都以诚相待，但却从不担心能否得到相同的回报。因为没有私心杂念所带来的种种焦虑，她们微笑面对每个人，每件事。所以善良的女人也能赢得别人的尊敬和别人的信赖。虽然有时会多遭受一些白眼，但一定会少一点丑陋；有时会让自己受些委屈，但一定会让自己活得坦然。善良会教给人奉献、理解、宽容、纯洁，在物欲横流的世界里，为自己保存一份充满阳光的纯真之心。

## 4. 冷静克制

即使遇到令你十分生气的事情，也不要为之动怒，更不要火冒三丈。任何事情都有解决的办法，而通过动怒来解决实为下下之策，要运用你的智慧去化解生活之中的困难。

## 5. 细心

最令人心动的女人并不是她有多么高高在上，也不是她取得多么惊人的成绩，而是她能够设身处地地细心关怀和体贴他人。同时，你也要富有同情心，对于弱者、遇到困难之人、老幼病残，你要尽可能地帮助他们。

## 6. 不张扬

温柔的女人把更多的时间留给自己，她们用自我独处的时间来丰富完善自身的学识与修养，她爱读书，懂艺术，志趣高雅，内心丰富饱满，一旦动了真心，就会用真心与细心去体贴、关心自己的爱人。

温柔是女人的主性格，也是很多女人都具有的天性。但我总觉得，一个女人，如果单单只有温柔，没有其他独特的个性或气质，便似乎缺少了点什么，仿佛一道美味菜肴中缺少了那么一味作料。

对，那种点睛的调味品就是些许的清高。温柔而清高的女人，浑身散发着极强的诱惑力和吸引力，仿佛一潭深水，清幽、深邃；她们给人一点距离感，永远保持一点傲气，一点神秘，一种与众不同的气息，总能吸引人去猜测、去幻想。清高的女人独具魅力。这种魅力与漂亮无关。那种清新脱俗的气质，那种不食人间烟火的高贵，那样雅致，那样超凡脱俗，又仿佛一个不食人间烟火的仙女，她们像凡尘中一道靓丽的风景，永远优雅地站立于众人的瞩目中。

我想，做女人都应该有一点清高的资本。清高，不是天生就有的，它是一种气质，一种后天锻造出来的高雅的气质。它蕴含着文雅、自信、镇定、卓尔不群和淡淡的桀骜，是一种内在涵养的自然流露。

清高的女人是腹有诗书气自华的女人。这种女人具有聪慧的头脑，机敏的思维。她们把读书看成是一种乐趣，虽然不是学富五车，却仿佛是一块海绵，不停地汲取，努力拓宽自己，延展自己，努力让自己也化成一滴睿智的水滴。

清高的女人是懂得欣赏自己，具有独特个性的女人。她们坚持自己的风格和味道，不随波逐流，人云亦云，更不会离经叛道，疯疯癫癫。她们为人处世淡定、从容、果敢，举手投足间有一种另类的优雅；她们有自己的判断能力和淡定的处世能力，应该做的尽力做好，该争取的竭尽全力；该撤退时全身撤退，绝不藕断丝连，瞻前顾后，犹豫不决。那种果敢和大气，非俗流女子可比。

如果说温柔的女人是一朵花，那么清高的女人就是一片云，温柔而清高的女人就是一道独特而靓丽的风景。那种风格是清丽的，那种味道是淡淡的，温馨的，如同春天雨后的天气一样，让人无比的清爽。

如果你愿意，请做一个温柔而清高的女子吧。释放自己的温柔，累积自己清高的资本，比如学识水平、比如智慧、比如能力。当你具备这些资本，相信就可以在生活和工作中都游刃有余！

## 5．不要强迫你的丈夫改变

如果一个人很喜欢一份工作，而且这份工作能够让他快乐，也许，这个人不会因此而富有，过上舒适的生活，可是这份工作能够让人的内心得到满足，这才是真正的成功。作为妻子，你应该有足够的耐力，支持你的丈夫做他喜欢做的工作，自由自在地从事他热爱的事业。

最近，我在一次晚宴上遇见一家公司的公共关系部经理。我坐在他身边向他请教：如果太太们想帮助丈夫成功，应该如何去做？

他说：“我认为，如果太太想帮助丈夫在事业上取得成功，需要做两件极为重要的事，第一是爱他，第二是让他自己去勇闯天下。如果一个聪明的太太能让丈夫专心地工作，那么，丈夫就一定能发挥自己的全部才华，最后取得成功。而且，这个聪明的妻子也会给丈夫一个快乐而温馨的婚姻生活。这个不使丈夫受到干扰的原则既适用于夫妻之间的关系，也适用于妻子和丈夫同事的关系。”

他继续说道：“有的妻子喜欢对丈夫进行过多的劝告，或者严重干扰丈夫的工作，她觉得自己是丈夫事业上的助手，经常反对丈夫的工作伙伴，抱怨丈夫工作时间太长，肩负责任太多，薪水又太少。这种太太只会使丈夫失败，没有什么事比这种做法更恶劣的了。”

许多刚结婚的女子都梦想自己的白马王子能早日升迁。为此，她们想了许多办法，比如，试着和丈夫的工作伙伴交朋友；给丈夫提出一些暗示和建议；还订出许多计划。但是，她们的行为不仅不能使自己的丈夫升迁，反而丢了饭碗。

彼得·斯德克博士著的《怎样停止谋杀自己》一书中有这样的一段话："那些太太真的应该受到强烈的谴责，因为她们一直都非常过分地强求自己的丈夫。她们的要求永无止境，希望自己的丈夫不知疲倦地奔跑，以此来争得财富、名望以及高水平的物质生活。而这些女人的目的仅仅是为了超过他们的邻居。"

女士们，读了这段话你们有何感受？作为妻子你们是不是也经常强迫自己的丈夫去符合你心中的"成功模式"？如果真是这样的话，我只能说："你的丈夫太可怜了，而作为妻子的你太可悲了，你们的家庭太不幸了。"

妻子的盲目插手真的是一件很危险的事，就算太太的出发点是好的，这种行为也产生不了好的结果，超出了大多数人的想象，它只会让事情变得更糟。

莱斯女士是我以前的邻居，她是个很爱面子的女人，也喜欢在别人面前夸夸其谈。莱斯女士骄傲地告诉我们，如今她丈夫已经是一家公司的白领了，而她似乎也进入了上流社会。

在他们刚结婚的时候，莱斯的丈夫是一个非常不错的电焊工。虽然每天的工作有些累，而且收入也不是很多，但他生活得非常快乐。可是，莱斯女士对这一切并不满足。她羡慕别人的丈夫每天都拿着公文包体面地去上班，而自己的丈夫带的却是一个便当。为了让自己能够体面地生活，莱斯开始干涉丈夫的工作。

在妻子的督促下，这个本来快乐的年轻人来到了一家大公司，做起了文员。他不再拿电焊机了，因为他的手要拿笔杆子。如今，在太太的帮助下，他已经接连升了几级。可是他并不喜欢这种安静的、枯燥的工作，因为电焊工才是他最喜欢的工作。因此，现在莱斯的丈夫过得非常非常苦恼。不过莱斯却不这样认为，她终于可以在别人面前夸耀了，因为是她让丈夫从一个不值钱的工人变成了一个受人尊敬的白领。

强迫你的丈夫去做一项他不喜欢的职业，结果只能是让他感到非常地委屈。我承认，有些工作确实很让人羡慕，但这并不代表会给所有的人都带来快乐。女士们，如果你们去强迫你们的丈夫离开他们所喜爱的职业，那么无疑就是在自掘婚姻的坟墓。

每个人都想获得很高的职位和薪水，但这并不能代表那些在低职位工作的人就不幸福、不快乐。事实上，真正夺走这些人幸福的，恰恰是硬逼他们去夺取高位的做法。这会使那些可怜的丈夫患上可怕的胃溃疡甚至于过早地死亡。这不是危言耸听，因为超负荷的压力会使他们的神经系统难以忍受。

克拉克·辛斯顿是纽约警察局里的一名警官。这家伙是个工作狂，每当有刑事案件发生的时候，他都显得十分兴奋，因为他喜欢有挑战性的工作，尽管做这行薪水并不是很高。可是，当他的小女儿出生以后，上级却把他调到一个新的部门做主管，负责处理一些文件。虽然这份工作没有危险，而且薪水也很高。克拉克根本不适合做文职工作，所以在别人眼里看起来很小的问题，对于他来说简直是个大难题。

一段时间过去了，克拉克开始失眠，脾气也变得非常暴躁，就连人都开始消瘦。后来，妻子陪同他去看医生，希望能够找出病因。然而，各项检查过后，医生说他身上没有一点毛病。当询问完克拉克最近的状况以后，医生告诉他们，克拉克的病来自于工作上的烦恼。

妻子给警察局长打了一个电话，希望他能够让自己的丈夫重新回到原来的岗位上。因为如果他不能从事那份他喜欢、适合的工作的话，迟早会在现在这份工作上累垮。

最后，克拉克回到了原来的岗位，而他的健康也很快就恢复了。克拉克说："我现在终于明白，金钱与自己能够高兴、愉快地从事一份合适的职业比起来，简直太渺小了。"

女士们，如果你真的希望自己的丈夫能够取得成功，那么不要强迫他们去做你认为合适的职业。你们应该珍惜他们、鼓励他们、默默地配合他们的工作。永远记住，千万不要硬逼着他们从事不合适的职业，你们要做的就是让他们自由地发挥自己的才能。

## 6．理解、支持你的丈夫

家是滋生温和慈爱之情的温床。妇女是这个王国的天然主人，女人的慈爱、善良、温柔、和婉是家的灵魂。没有任何东西比女性的理解和支持更能平静一个人心中的烦恼，去除人心中的苦闷，使人重新燃起新的希望。

19世纪末，年轻的亨利·福特在密西根底特律的电灯公司当技工，月薪仅11美元。每天的工作时间是10个小时，下班后继续在屋后的一个旧工棚里工作，想为马车研究出一种新的引擎。

当时亨利的农夫父亲和邻居们无不认为他是个大笨蛋，纯粹是在浪费时间。除了他的妻子，所有的人都在取笑他，认为他笨拙的修修补补不可能造出什么东西。

白天的工作结束后，妻子就开始帮助他研究。冬天的天色黑得很早，为了使亨利能够工作，亨利太太提着煤油灯，寒冷的气候把她的双手冻成紫色，牙齿也在上下颤抖，但是她坚信丈夫总有一天会成功。亨利先生亲切地称呼她"信徒"。在旧工棚里苦熬了3个年头，这个从未有人见过的稀奇玩儿意终于问世了。

1893年，在亨利30岁生日到来之前的某一天，他的邻居们被一串奇怪的声音吸引到窗口，他们看到亨利·福特——那个大笨蛋和他的太太，正坐在一辆没有马的马车上，那辆车子摇摇晃晃的，居然可以拐个弯又跑回来！

福特先生在50年后接受访问时,有这样一个问题:"如果有来世,您希望变成什么?"他回答:"做什么都无所谓,只要能够和我太太在一起生活。"亨利太太"信徒"的称呼沿用了一辈子。

"相爱的意义在于朝同一个方向注视,而非双目凝视。"虽然这句话不是出自名人之口,但它确实是金玉良言,尤其对于希望自己的丈夫有理想和抱负的女人来说,这句话就更为中肯。

有一个情操高尚,宽宏大量的妻子,就没有摆脱不掉的苦闷和烦恼,家中有了这样的妻子,他的丈夫就会时时感受到轻松、舒适、幸福,他才会知道什么叫身心俱爽,也才能知道什么是爱。这样的妻子也是丈夫最可信赖的顾问、参谋。当他冥思苦想,不得其解时,妻子的直觉往往一点即破,使他猛然醒悟。在人生的惊涛骇浪中,忠实可靠的妻子是丈夫唯一可靠的依恃者、安慰者、同行者。只有她的心才跟自己的心一起跳动,只有她那平和、温良的目光依然坚定。

人生随时都可能遇上不测风云,每当这个时候,忠诚可靠的妻子总是以自己不尽的温情慰藉和理解支持这随时可能被掀到大海里去的丈夫。

上帝赐给男人的最大幸福是让他拥有一个善良而好心的妻子,和这样的妻子生活一辈子,才可以说是享受到了人世间最美好的幸福。与这样的妻子生活在一起,才会享受到真正的宁静、平和。

## 7. 帮助丈夫建立自信

每个男性在艰苦的环境中挣扎的时候;在事情产生危机的时候;在他处于失败边缘的时候都需要一个忠实的信徒来护卫,男性需要一个能够帮他建立信心和抵抗力的妻子,无论处在多么困难的境地,她都不会动摇对他的信任。如果连他的妻子都不相信他，别人又怎么会相信呢？

完全信任有一种神奇的动力，它可以帮助人们恢复失去的自信，永远不承认失败。这一点有洛博·杜佩雷的例子来证明。

洛博·杜佩雷说："我一直想从事推销工作。有一年机会终于来了，我当上了保险推销员。但是，我付出的所有努力都付诸东流，保险一点都没有卖出去，对此我感到十分忧虑。精神一度紧张而痛苦，最后觉得只有辞职才能避免精神崩溃。"他说："我觉得自己已经完全失败了，但是我的妻子——桃乐丝不断地鼓励我：'别发愁，洛博，我相信这只是短暂的挫折，下一次你一定会成功，因为你是个伟大的推销员。'"

"桃乐丝和我虽然在一家工厂里工作，但是她非常注意我的谈吐和衣着。接下来有一年半的时间，她不断赞美我的气质，并且指出许多我自己都不知道的天赋才华，尤其在推销工作方面。如果不是她持续不断地鼓励我继续坚持下去，我早已放弃重新开始的想法了。她一次次地告诉我，'洛博，你有这种能力，只要努力就可以做到，我不希望你放弃！'我怎么能辜负她对我的信任呢？我离开工厂回到推销岗位上，这一次我完全相信自己了，因为我身边有了桃乐丝这个忠实的信徒，她成功地帮助我找回了的信心，她使我相信，只要自己想去做就一定能达到目标。虽然我前面的道路很长，但是我已经上路了，谢谢桃乐丝！"

我相信，如果要雇用推销员，一定会选择有像桃乐丝·杜佩雷这种太太的男性，因为她们不会让自己的丈夫承认失败，即便丈夫一次次地在竞争场上摔倒，她们仍能做到适当巧妙地鼓舞，消除所有的沮丧，将丈夫重新送回去。伟大的俄国音乐家西盖·洛克曼尼诺夫25岁时就是个成功的作曲者，对此他十分自负，最后的结果是他写了一首很不成功的交响曲。这个打击使他郁郁寡欢，很长一段时间内都无法振作。他的朋友们没有别的办法，只好带他去看心理专家。

心理医师尼可拉斯·达尔先生反复地告诉他："你的身上蕴藏着伟大的东西，等待你去发掘，并将之昭告于天下。"达尔医师一遍遍地重复这个观点,渐渐地这个想法在洛克曼尼诺夫心里生了根,重新恢复了自信。

第二年还没有结束,他便创作出那首伟大的C小调第二协奏曲,并且特意注明,将这首曲子献给达尔医师。这首曲子第一次在舞台上亮相的时候,震撼了所有的听众。洛克曼尼诺夫再次成功了。

由此可见,鼓励对于男性的重要性不亚于燃料对于引擎的重要性。鼓励就是让男性继续发动的引擎,给他们的精神电池充电,从而扭转失败的局面。

有时候,运气会打击每个人的锐气,如果打击严重的话甚至会让人挺不起腰杆。这时如果有我们喜欢的人说:"亲爱的别灰心,这种事情算不了什么。我相信你一定会成功的!"情况就会完全不一样了。

有信心的妻子们始终信任自己的丈夫。她们用眼睛看,也用一种特殊的视觉——内心的爱去看,就会看到别人没有发现的特质。

但是信心一定要用语言表达出来,否则就毫无作用。妻子必须运用技巧——赞赏鼓励,充满爱的语言和行动去表达对丈夫的信心。

## 8. 认清你自己的需要

伊迪丝姑妈和法兰克姑父住在一个抵押出去的农庄上。那里土质很差,灌溉不良,收成又不好,所以他们的日子过得很紧,每分钱都要节省着用。可是,伊迪丝姑妈喜欢买一些窗帘和其他小东西来装饰家里,为此她常向一家小杂货铺赊账。法兰克姑父很注重信誉,不愿意欠债,所以他悄悄告诉杂货店老板,不要再让他妻子赊账买东西。伊迪丝姑妈听说后大发脾气。

这事至今差不多有50年了，她还在发脾气。我曾经不止一次听她说这件事，最后一次见到她时，她已经70多快80岁了。我对她说："伊迪丝姑妈，法兰克姑父这样羞辱你确实不对。可是难道你不觉得，你已经埋怨了半个世纪了，这比他所做的事还要糟糕吗？"（结果我这话说了还是等于白说。）

伊迪丝姑妈为她这些不快的记忆付出了昂贵的代价，付出了半个世纪自己内心的平静。

托尔斯泰娶了一个他非常钟爱的女子，他们在一起非常快乐。可是，托尔斯泰的妻子天生忌妒心很强，常常窥测他的行踪，他们时常争吵得不可开交。她甚至忌妒自己亲生的儿女，曾用枪把女儿的照片打了一个洞。她还在地板上打滚，拿着一瓶鸦片威胁说要自杀，吓得她的孩子们躲在房间的角落里直叫。

如果托尔斯泰跳起来、把家具砸烂，我倒不怪他，因为他有理由这样生气。可是他做的事比这个要坏得多，他记一本私人日记！这就是他的"哨"。在那里，他努力要让下一代原谅他，而把所有错都推到他妻子身上。他妻子如何对付他呢？她当然是把他的日记撕下来烧掉，她自己也记了一本日记，把错都推到托尔斯泰身上。她甚至还写了一本小说，题目就叫《谁之错》。在小说里，她把丈夫描写成一个破坏家庭的人，而她自己则是一个牺牲品。结果，他们把唯一的家变成了托尔斯泰自称的"一座疯人院"。

我们不能总是期望自己的伴侣帮我们找到真正的快乐，让我们重获自信。因为无论你和谁结婚，真正的伴侣永远是我们自己。

经过我们不停地寻找，我们确实可以找到和我们一起生活的伴侣，可要想找到我们精神上的伴侣就只能去探寻我们内心。从我们对自身内部的探寻才能最终获得我们所需要的幸福感觉。每一个人生来就是如此，但人们往往很容易忘记这一点。总是以为找到外部的某种形式特征，比如婚姻或者男人我们就能获得满足，实际上空虚和寂寞是不会因为结婚或者有伴侣而自动消失的。要想获得真正的快乐与归宿，唯一的方法就是反观内在，看看怎么和自己相处。

而我们在成长过程中就已经深受各种现实的约束、社会的道德规范、父母言行的影响。并且随着时间的推移，它们对于我们的判断和价值取向有着不可小觑的影响，它们让我们渐渐遗忘了原本我们想要的东西，磨灭了理想，使我们看不到自己的方向，并丧失了扎入大地的根须，无法获得成长所需的营养和动力。让我们感到真正快乐的源泉其实是在我们自身，而我们通常都迷失了方向，反倒是向外去寻找，这样只会让我们重复着南辕北辙的故事。

有时我们会极为固执地坚持自己的角色，逐渐忘记了自己的本来面目。甚至在失去和痛苦之时才会自问：到底什么是快乐？怎样才能快乐？我想说当你把你的快乐的权利建立在他人和外部事物的时候，你已经失去了快乐的能力，失去了和你本心的联系，自然会陷入不断寻找的困境。当你对幸福快乐的渴望越高，你对周围人和事物的需求也会越强烈，可是外部的世界是我们所不能掌控的，所以对外部的依赖很可能会让你被现实所压倒。我们的内心是矛盾的，有的女人究其一生都在不断地寻找、追逐幸福，可是依靠男人能给自己带来幸福，恐怕只会让你渐行渐远。有时候我们渴望成为一个热情奔放的女性，大胆追求梦想中的情爱，但我们却又受到了各种道德的约束，无法随心所欲；我们梦想自己能够和男人一样，在社会上大刀阔斧、冲锋陷阵，但心里却希望躺在男人温暖的怀抱里得到无微不至的呵护。

当我们试图从与另一个人的身上寻找自己的幸福时，得到我们想要的，其实真正要寻找的幸福不过是内心的安定与和谐。

虽然大多数时候我们满足于现状，但是总觉得生活缺了点什么。实际上我们缺少的是内心的平静与快乐。于是在身边寻找一切可能使我们得到提升和满足的事物。我们一直都在寻找更好的另一半，以为寻找到伟大的爱情和一个能让我们内心安静的人，我们便不会感到空虚寂寞。以为我们找到一个伴侣，就会感受到完满，得到理解，使自己变得强大，得到提升，并实现内心的平衡。

就好像《格林童话》里讲的那样"从此王子和公主就过上了幸福生

活"，但生命中对一切自有安排。就像在婚姻的城堡里，始终掩藏着冲突和矛盾。夫妻两人关系再亲密，这种长期持续的关系以及双方所要承担的责任，也会令彼此的感情最大限度地相互消磨损耗。我们常常会觉得睡在身边的那个人似乎并不是最好的灵魂伴侣，而自己却无能为力。

我们生来就是不完整的。其实从我们生命开始的那一刻起，我们便害怕孤单，不断地去寻找自己的另一半，渴望与他实现身体上、精神上的高度统一。这种渴望是与生俱来的，来自于我们的遗传密码。经过多年的寻找，终于有一天，我们遇到了生命中的他，并与他结为夫妻。直到此时我们终于可以停下不断寻找的脚步，终于可以平静下来，我们第一次感觉到完满合一真的很美妙。

但这种幸福弥漫的感觉往往维持不了多久。结婚几年以后，很多一直相依相偎的伴侣，都没有办法始终保持完满合一。那些仍能感觉到和谐与快乐，还能深层次地进行沟通的伴侣已经不多了。居高不下的离婚率已经表明，与另一个人在一起生活的时间越长，就越容易让人形成厌倦、渴望剥离。这恰恰与我们结婚时所期望的相反。长久以来我们所渴望的婚姻幸福、和谐，不仅没有属于我们，反而使我们完善自身的希望和对另一半的信任渐行渐远。

不过，幸福与和谐同样可能在婚姻生活中逐年剧增。只是这需要两个人的不断努力，但作为女性的你首先必须从一个误区中走出来，那就是：并非只有找到正确的归宿，你才能获得幸福。我要告诉你的就是，你就是你自己的归宿，你的幸福掌握在自己手中，你能使自己的生活和情感变得充实而丰富。但是，你必须将寻找的触角伸向你的内心世界，看看你真正需要的是什么，只有这样你才会真正地获得幸福。

# 上篇

## 第三章
## 女人40，爱是一种圆润的智慧

40岁，这是一个让女人最焦灼、困惑的年龄，也是女人一生中的黄金收获期。家庭、孩子、生活都已经在既定的轨道中运行。

40岁的女人一定要坦然面对这个年龄，不要为过去惆怅，也无须为将来迷茫；要开始修心养性，要做到神态优雅、举止从容。如果你正当40，你要正视你自己：风华正茂、乐观积极、成熟而不失活力，你正处于魅力指数的黄金时段，你千万不要辜负自己，用微笑和行动向世界宣告你的才华、你的优雅、你的自信。40岁的女人渐渐达到人淡如菊的境界，不会因世事艰难而埋怨生活，不会功成名就而自我放纵；她们用自己的智慧让平凡的岁月充满温馨，让枯燥的生活充满乐趣。

## 1. 女人一生中收获的季节

我们说走进40，是步入了收获的金秋，在霜雾弥漫的深秋还未来到，40岁的女人不妨以一种恬静的心态，盘点岁月的赏赐，顺便检查一下自己是不是对以后的道路做好了充足的准备。

女人40岁，心是宁静的，因为拥有与错过都不需要过多的想象，该拥有的都已拥有，不该有的也争不来。

女人40自有一种优雅从容的风韵，与年轻貌美的女子争风，不是她们的品性，她们更善于用得体的装扮、良好的修养将女人的风华演绎得尽善尽美。

40岁的女人端正大方，在爱，笑，和一举一动间，也在轻启温柔的唇中，展示着女性特有的韵味和温润的光芒。

40岁的女人，经过了太长的时间积淀和世事的磨炼，看穿了功利的虚妄，参尽了世事的浮华，变得更加成熟理智和练达，她是不惑的，不贪心，不功利，那圆润中透着的雅致，富态中含着的高洁，令她们更让人养眼。不夺目，却神韵不绝；不刺眼，却韵致无边。

女人40，已从玫瑰的艳丽争宠演变到百合的清香淡雅，只要开放，依然会清香满鼻，依然会吸引赏花人驻足欣赏。

女人40，历经人生风雨，看遍世间万象，不再惧怕大雨如注，惊雷滚滚，也无须担心寒霜逼人，飞雪漫天。只似春雨绵绵，润物无声；又如秋雨潇潇，沁凉心脾。

　　40岁的女人不再追赶潮流的脚步，内心明白容颜终要老去，心灵却不能麻木粗糙。于是卸去功名舞台上的彩妆，素面朝天，一身轻松，过得率性而真实。

　　40岁的女人，相当于一辆已经行驶了14万公里的汽车。务必要做到每6个月检查一次身体，尽早发现那些大大小小的疾病；40岁的女人，要抓紧补充钙质和营养，中年女性70%都有不同性质的骨质疏松症状。胸部可以下垂，皮肤可以松懈，但切记：骨头一定要坚挺。这将使你在五六十岁的时候受益无穷。

　　40岁的女人，要将头发束起、衣领提高、裤腰收紧、裙摆放低。纵使身材依旧完好也无须显山露水、故意炫耀。要记住，身段在这个年龄能为你换来的东西已经非常有限。

　　40岁的女人，路过了你理当路过的风景，也行驶了你应该行驶的里程。不要心有不甘，不要挂挡倒退。把该留下的留下，该忘记的忘记。

　　40岁的女人，用全部的智慧，给予老公最大的幸福；用全部的智慧，维护家的美满和谐；用全部的智慧，给儿女最好的教育最好的生活；用全部的智慧，带给父母晚年最大的幸福和欢乐。

　　40岁的女人，超越了坚韧，真正懂得什么是爱，什么是人间最珍贵的情怀，什么才是宽容。她善解人意、洞悉冷暖，不会再为由于误解造成的伤害而痛彻心肺，不会再为小小的不公平愤慨满腔让怨言侵蚀心情，不会再为闲言碎语辗转难眠让烦恼左右情绪。明白分寸和爱之间的得心应手的把握，更懂得男人的空间和女人一样，需要放飞的时空。

　　40岁女人历经人间沧桑，练就一颗感恩的心，细细地欣赏来程时的风景，慢慢品味跋涉的艰辛，尽情地在精神的海洋中想象，在精神的相遇中寻找会心的微笑，构筑丰富而宁静的灵魂港湾。

　　有人曾经这样赞赏40岁的女人：

　　40岁的女人是一部好书，满腔智慧。

　　40岁女人是一幅山水画，透着高山流水的雅致与从容。

40岁的女人，如同秋后的湛蓝的天空，清清爽爽。

40岁的女人，像一曲伦巴舞，温柔不失激情。

40岁的女人，是人间一道靓丽风景，时时透露着成熟、含蓄、自然美感！

如果你是女性，你正当40，你要正视你自己，你风华正茂，你乐观积极，你浑身上下洋溢着成熟而又纯情的活力，你处于魅力指数百分百的黄金时段，你不要辜负自己，用微笑和行动向世界宣告你的才华、你的优雅、你的善良、你的品德、你的刚强和自信。

## 2. 打开心扉，让爱自由流淌

生活如水般波澜不惊，平平淡淡，缓缓地流过男人的额头和女人的眼角。不知不觉间，岁月的纹路就爬上了曾经年轻的面庞。有条不紊的时光中，爱情很容易变得静如止水，失去韵律和色彩。适时地表达爱情不仅能换回逝去的温情，还是生活的调味剂，让每一天都沉浸在期盼和喜悦中。

人的一生是一个相互关心、关爱的过程，每个人都有情感的需要，其中，语言的交流和情感的表达又是关键。不要让爱人只是用猜想知道你的关爱，而是要让对方时时感受到你的心意，这就是你用嘴巴告诉对方你的爱，还需要用行动来表达爱的程度。

爱就是打开心扉，让它自由地流淌，让对方看得到、听得到、感受得到。

不管多忙，都不要忘记给爱人打个电话；不管多累，都要在回家之后给爱人一个拥抱；不管生活中有多少烦恼，都应该给爱人一个微笑……心中有爱，我们就应该大声说出来，就应该做出来，用行动和语言标的心中那份温暖和幸福。

　　爱情不仅是实际生活中的柴米油盐酱醋茶，它还是一件庄重的事情，它需要应对和承诺，需要证实和鼓励。爱情的表达可以是深夜花园中的吟唱，可以是花前月下的山盟海誓，因为这些都意味着承诺和责任，意味着接受和渴望。从古至今，无论东方还是西方，爱情的表达方式都是多种多样的，人们用歌声传递爱情，用诗句赞美爱情，用文字记载爱情，用画笔感悟爱情，用肢体表达爱情，用信物寄托爱情……

　　爱情最直接有效的一种方式就是用言语说出来，不要轻视这一句简单的话，它能将所有爱的信息全部地透彻地传递到对方心底。

　　经过表达的爱情才被赋予了生命，有了意义深刻的灵魂。

　　爱情的表达不一定昂贵，不一定耗时，一起生活久了，爱情的表达或许就变成一些鸡毛蒜皮的生活习惯。比如为爱人沏一杯热茶，给爱人掖好被角，跟爱人开一个玩笑。当然，茶可能太烫，被角可能没有掖的必要，玩笑可能稍显粗俗。但是，千万不要拒绝。因为你拒绝的，已经不是一个动作，而是爱情。我们要知道，一碗热汤的关怀绝不比玫瑰所表达的爱分量轻。

　　为爱人说的一个老掉牙的笑话而捧腹大笑，看报纸杂志时剪下他喜欢的文章送给他，记得每天都说早安、晚安、再见，与他共享他感兴趣的球赛或其他活动，和他一起在厨房做一顿饭，郑重其事为一件小事谢谢他，给他买一些古怪有趣的小礼物，记得他父母的生日……这些都是生活中细碎的事情，却可以让爱人从心底感受到你的爱。

　　爱情的表达，就是为了给对方看自己的那颗心，看那颗心里的爱恋、温情、惦记和颤动。对平平常常的人来讲，这种以心换心的事最好是以朴素的、细微的、绵长的方式进行，这才和我们朴素的、细微的、绵长的生活更加吻合。

　　既然爱着，就该打开心扉，让爱自由流淌，让对方看得到，听得到，感受得到。"我爱你"是人间最美好的语言。恋人之间一句"我爱你"，常常是情感升温的开始。夫妻之间一句"我爱你"，往往是爱情保鲜的秘方。经过表达，爱情才被赋予旺盛的生命力，有了意义深刻的灵魂。爱要说，要让对方明白你的爱意；爱也要做，以证明你爱的深度。

## 3．让婚姻经得起平淡的流年

婚姻遭到平淡流年的洗礼，越来越多的女人学会了隐忍和冷静，不吵不闹，甚至有的女人会风度悠然地笑着面对。

这绝非对婚姻抱着无所谓的态度。没有女人不希望自己有一个幸福的婚姻，表面能做到风雨不惊的，都不过是经营婚姻的策略。高明的太太们，不赌气、不发牢骚，懂得已走过10年春秋的婚姻不可能激情如初，平平淡淡才是真。与此同时，另有一些女人在面对丈夫不经意的冷淡或疏忽时，采取了以毒攻毒的法子，最终彻底毒杀了婚姻。

75年前，拿破仑的侄子拿破仑三世爱上了全世界最美丽的女人——女伯爵尤琴。他们二人结婚了，他的顾问劝告他，她的父亲只是西班牙一位普通的伯爵，地位并不显赫。拿破仑三世反驳说："那又有什么关系呢？"他喜欢她的高雅、她的美貌。在一篇皇家诏文中，他激动地昭告全国："这个女人值得我深爱，我就是为她而生的。"

对于新婚中的拿破仑三世来说，他们的婚姻是完美的，财富、健康、权力、声名、美丽、爱情和尊敬，该有的都有了，这是一桩令人炫目的结合。

炫目的光彩很快就暗淡下来，只剩下难看的灰色。拿破仑三世的爱情、他皇帝的权力都足以让尤琴成为最幸福的法兰西皇后，但这一切都无法阻止她的疑心、忌妒和不停的唠叨。

在这些不良心理的支配下，她不再听从他的命令，甚至不让他有一点个人的时间。他在处理国政的时候,她会突然闯进来;他讨论重要事务时,她也跑过来干扰;她还不让他单独活动,因为她怀疑他会找其他的女人。

她还经常找自己的姐姐抱屈,诉说对丈夫的不满。她会闯进他的书房,不停地大声辱骂他。贵为一国之君,拥有十几所华丽的宫殿,可这位尊贵的皇帝却没有一处可以安心静养的地方。尤琴的行为又为自己带来了什么?

莱哈特在《拿破仑三世与尤琴:一个帝国的悲喜剧》一书中写道:"拿破仑三世不得不趁着黑夜,乔装打扮,在自己亲信的陪同下从小侧门悄悄溜出去,找美丽的女人约会,或者仅仅出来观赏巴黎夜景,到皇后不经常到的地方呼吸下自由的空气。"

这就是尤琴的唠叨所换来的东西。虽然贵为法兰西帝国的皇后,世界上最美丽的女人,但就因为她的唠叨,不管她多尊贵、多美丽,都不能守护自己的爱情。她大声地哭诉着:"我最担心什么,什么就来了。"这叫做自作自受,一切都是她咎由自取。没有忌妒和唠叨,她就不会有这样的下场。

唠叨就是魔鬼的诅咒,它蚕食着爱情。它的阴谋总是能得逞,就像眼镜蛇咬人一样,具有无比的破坏性。托尔斯泰夫人明白这一点的时候已经晚了。她临死的时候,把儿女们叫到跟前说:"是我害死了你们的父亲。"儿女们一起痛哭,却不问为什么,因为大家知道,一切如母亲所说。当年,就是她唠叨个没完,才让托尔斯泰忍受了巨大的痛苦。本来他们夫妇的生活应该是很幸福的。

林肯也是一辈子饱受婚姻折磨,这甚至比刺杀还要痛苦。刺客一声枪响,他就死去了,不再有痛苦。可二十多年来,他无时无刻不在忍受自己的妻子,这是个脾气暴戾的女人。她总是看不惯林肯,对他所做的一切横挑鼻子竖挑眼,还经常嘲笑他、埋怨他,甚至看不惯林肯平常的姿势和走路的样子及他的长相。

由于林肯跟她无论在教育、出身、脾气,还是爱好和想法等各个方面都截然不同,他们相处得很不和谐。研究林肯的学者贝维瑞治说:"邻居们经常听到她那又高又尖的责骂声,除此之外,她还有更厉害的发泄方式。总之,她的暴戾行为不胜枚举。比如说,刚结婚的时候,他们吃住在欧莉夫人家里。一次吃早饭的时候,林肯不知怎么惹恼了夫人,于是她不管有没有其他房客在场,将一杯滚烫的咖啡泼在林肯的脸上。欧莉夫人拿毛巾替林肯擦脸和衣服时,林肯羞愧地坐在那里,一句话也说不出来。"

她的脾气越来越暴戾,简直坏得令人难以置信。她在75岁那年终于疯了,因此人们可以说,并非她的坏脾气使然,而是她根本就有精神病。

这样的坏脾气,这样对待自己的丈夫,她让林肯改变了吗?只能说有点变化,那就是让她的丈夫痛苦,尽量躲着她。

众所周知,林肯是律师出身,当时他们所在的镇上有11个律师,所以这个差事并不好做。因此,法官戴维斯到其他地方处理官司时,林肯得跟其他律师一样骑马跟着,为的是能在第8司法区的其他地方揽一些活。

每到周末,其他律师尽量回去跟家人团聚,林肯却不,因为他受不了自己的妻子。每年从春天到秋天的整整半年时间里,他都跟着法官在外面转悠,就是不回家,即便在外的吃住条件并不好。这一切都是她那暴戾的脾气使然。

看看这些女人们,她们的唠叨换来了什么?悲剧而已,她们毁了自己的爱情和幸福。其实,爱的最高境界就是经得起平淡的流年。婚姻中遇到不如意,也不要抱怨,而应该懂得:良好的婚姻要靠夫妻二人齐心协力,花点儿智慧,努力经营。

## 4. 内藏一颗淡然若水的心

除了心态,没有什么能永远陪伴着你,容貌不能,财富不能。有人把雪花看作是坠落的星星,"己心妩媚,则世间妩媚",这是乐观的心态。

相信天底下所有的女人都不愿意变老,但随着时光的流逝,谁都不可避免地走向衰老,而心态好的女人就不容易老。研究表明,人的心理活动和人体的生理功能之间存在着内在联系。良好的心态可以使生理功能处于最佳状态,反之则会降低或破坏某种功能引发各种疾病。俗话说:"吃饭欢乐,胜吃良药。"这就是说良好的心态能增进食欲,有利于消化。心不爽,则气不顺,气不顺,则病生。这从反面说明了这个道理。

我觉得化妆品不只是擦在肌肤上的东西,它更应该是擦拭在精神上的东西。经常使用化妆品的人会变得心情舒畅,其实它应从更深层次上减轻女性们的精神痛苦。

好莱坞女明星曼尔·奥勃朗,告诉人们她拒绝忧虑,因为她知道忧虑会摧毁她在电影发展事业上的主要资本——美貌。

她说:"我刚开始步入影坛时,既担心又害怕,那时我刚从印度回来,在伦敦一个熟人也没有。我见过几个制片人,没有一个肯雇用我,我仅有的一点儿积蓄也渐渐用光了。有两个星期,我只靠一点饼干和水充饥。当时我不仅仅是内心感到恐惧,肉体上还饥饿难忍,我对自己说'也许你太傻了,也许你永远也不可能闯进电影界。你没有经验,没演过戏。除了一张漂亮的脸蛋,你还有些什么呢'。

"我站在镜子面前,开始端详里面的自己,才发觉到忧虑已经开始毁坏我的容貌了!眼角有了皱纹,一脸忧愁,我对自己说'你必须立即停止忧虑,你唯一的本钱就是容貌了,而忧虑会毁掉它的'。"

再没有什么会比忧虑使一个女人老得更快,而摧毁了她的容貌了。忧虑会使我们的表情难看,会使我们咬牙切齿,会使我们脸上出现皱纹,会使我们总是愁眉苦脸,会使我们头发灰白,甚至脱落,忧虑还会让你脸上出现雀斑、溃烂和粉刺。

曾经有一段时期在日本掀起了第一次"自然化妆品"的热潮,与现时的"自然"有所不同,主要以使用更加原始的原材料生产化妆品为特色,比如使用赤豆、丝瓜等所谓"传统智慧"的化妆品,使那些对流行时尚极为敏感的年轻女性完全陷于其中，不能自拔。这种自然化妆品的依据便是"绝不使用任何界面活性剂、防腐剂以及香料等成分"，使用这些"含对皮肤有害物质的大型化妆品生产厂家的化妆品对人的肌肤是极其危险的"，等等。这种极端的论调使陷于其中的女性们纷纷对著名厂家的化妆品敬而远之，甚至持否定态度，一心追捧赤豆和丝瓜。

在这一片热潮中，有一位为"自然化妆品"立下汗马功劳的女性，她在接受各种杂志的采访时曾语出惊人，发出豪言壮语："除了纯自然的化妆品之外，其他都令人可怕，使用不得！"

可是大约一年之后，她又突然宣称自己是"敏感性肌肤"，开始热衷于由皮肤科医师开发研制的化妆品，说"即使不使用含有防腐剂的自然化妆品也令人可怕，使用不得"。再过了大约两年，她又转而竭力称赞起所谓"无任何添加物"的化妆品来，对皮肤科医师开发研制的化妆品也变成了否定："那只不过是一种错觉而已！"后来，每当与她联系时便换了一种"爱用品"的她，又迷上了二线品牌的邮购化妆品，而选择的理由自然是每次都各不相同，真是很有意思。毫无疑问，她就是那种"化妆品信息源""超级时尚发布中心"，同时又是稍显不成熟的狂热的化妆品爱好家。

在各种化妆品间彷徨而无法确定自己所适合的，这本是在谁身上都会发生的事情，没有什么不好，可是她的情况却稍稍有些病态，对各种化妆品——热衷又——幻灭，因而肌肤老是不能变得光滑美丽。尽管尝试了各种各样的化妆品，但是她一点儿也没有美丽起来，脸色总是那么黯淡无光，一直在为脸上的疙瘩而烦恼。

后来这位女性又随着时尚潮流开始为"冥想化妆品"而倾倒，但是脸上的肤色仍未见丝毫好转，她终于发出了"难道所有化妆品都没有什么效果吗"的疑问，即使这样，她还是没有停止尝试和彷徨，先后使用了各种"冥想化妆品"。她将毫无改善的原因统统归结为化妆品，而旁观者则清清楚楚地知道这绝不是化妆品的原因。三年前，她结婚当了一名全职主妇，她听从住所附近主妇们的推荐，又试着换用了在主妇中间很受欢迎的上门推销的化妆品，结果如何？令人简直不敢相信，她的肌肤一下子变得光滑美丽起来。

她为肌肤持续烦恼了约10年的时间，其根本原因不是因为"没有遇见好的化妆品"，而是她身体内反反复复蓄积下来的令人感觉不适的精神压力，巨大的精神压力会导致植物神经系统失调，血液循环不畅，皮肤的免疫功能低下或出现紊乱。她总是脸色黯淡，稍有不悦脸上便长出疙瘩，这全都是内在的精神压力所致。那么，持续了10年的讨厌的问题为什么会在一瞬间全面解决呢？我想大家已经明白了吧，那就是结婚。年过35岁的"闪电式结婚"，不要说周围人都觉得惊讶不已，她本人可能也想不到会有这样的事情吧？

类似的例子还有很多。一位皮肤粗糙不堪的女性先后尝试了各种各样的化妆品，在某次人事变动后被调到了其他科室，突然间仿佛全身的毒素全部排出似的，肌肤变得光滑润洁起来；还有一位女性在与长期同居的男友分手，重新搬家之后，立即显得容光焕发，终于告别了彷徨于各种化妆品的生活。很多人的肌肤都是在变换了自己的日常生活场所后才发生了变化。

既然女人不能回避容颜的衰老，那么就设法推迟心境的衰老。遇到麻烦时坦然面对，智慧、自信、快乐的女人永远不会老。好心态成就不老的女人！

## 5．在事业和家庭中游刃有余

尽管成功的女人是少数，但还是有一些40岁的女人跻身于成功人士的行列。对成功的女人来说，困惑并没有因为有傲人的业绩而减少，而总是因为成熟和智慧而增多。成功的女人要保住自己的位置，要扮靓、要扮强，要拼命向上走，达不到最高就面临被淘汰的危险，现实对女人的仕途可不像对男人那么宽容，这是40岁女人困惑的又一方面。想继续风光，就得打拼，就得牺牲一点自己，就得在时间上，奉献出更多，所以，逼得40岁女人心中没家，也没自己，更忽略了需要关怀和疼爱的大男人。男人多半是希望脆弱的时候有人陪的，也希望女人不要风风火火地做事业，极少数男人才愿意做家庭妇男。这种女人对事业的专注，可能会导致离婚或感情破裂或是出现婚外情。追求世俗婚姻又恐辱没了自己，不要家庭又常觉得心无可依之处。

"经历了多年的职场打拼，从层层艰难筛选与厮杀中走上高位，身边佩服羡慕甚至忌妒我的人不在少数。但是实际情况却是，随着事业的'成功'，我发现自己被所谓的事业'成功'所累，痛苦得不能自拔，甚至想以死来解脱。"

洛里斯小姐进入职场已有十年有余，经历了最初的职场懵懂，以及第一个五年第一个十年的事业发展瓶颈，如今终于得到领导赏识，被提拔上了部门主管的位置。然而身居高位没多久，她便发觉事业的发展渐渐成为了自己噩梦的开始。

新职位任命后，她的心理压力极大，每天最担心的就是工作完成得不够出色，领导不满意，又怕工作中一旦出错，下属会嘲笑。这些压力不仅没有使她的工作前行，反而令她不断出现工作效率急剧下降，频频出错的情况。下班之后，她的睡眠质量日益变差，注意力也无法集中，整天感到头晕、疲乏，精力大不如前，服用药物也无法减轻痛苦，脾气越来越暴戾，与人沟通交流也越来越控制不住情绪，感觉周遭的人都在孤立自己，最后不得不请长假回家休息。

其实无论是升迁之后的痛苦，还是多年全职太太的苦闷，纠缠在目前的情绪中难以自拔的根源，都是女性的自信心缺失，生活单一，给自己的压力过大造成的。

在职场打拼多面的白领对于社会竞争的感受十分敏感，而多年的全职太太对家庭的一丝一毫变化都嗅觉敏锐，而敏感与敏锐同样是把双刃剑，有时候是女人赖以生存的武器，而有时候，却是毁掉女人幸福的利器。专注在同一领域时间太久，容易导致思考方式太过激进，以及自身期望值过高，24小时注意力全部投在同一事件上，如果心理素质较差或不善于自我疏解，心理就开始阴云密布。

在庞大的思想负担之下，一个心理与精神都开始走向畸形的女人，是无法营造一个和谐的工作或家庭氛围的。事业停滞不前，家庭矛盾丛生，女人只能陷入心情和脾气都越来越坏的死循环中，无法自拔。

其实女人有很多面，她可以在职场呼风唤雨，也可以在她爱的人身边小鸟依人；她可以在工作中冲锋陷阵，她可以是一个严厉的高管，也可以是一位温柔的妻子。这都是不相冲突的，关键在于角色的转换。对职场中打拼的女人来说，既然已经小有成就，就要尝试一种新型的生活方式。工作只是工作，8小时之外的时间一定要学会忙里偷闲，暂时丢掉一切工作和困扰，彻底放松身心，让精力得到恢复。抽出时间对爱人、朋友多些爱护和关心，对于你的心理健康十分重要。遇到冲突、挫折和过度的精神压力时，不妨通过社交、旅游方式疏解，借此消除负面情绪，保持心理平衡。

对全职太太说：不让丈夫为家务操心只是全职太太的工作内容之一。以上这些保姆、厨师都能做到。所以，你还要和你老公有思想上的交流，让他感到你们是一个利益共同体。同时，你最好有自己的爱好和事情。不妨放下手中的餐盘想一想：你为家庭全身心付出了多少年了？有没有静下心来想过自己的私人时间和爱好呢？要知道，全职不是你个人生活的终结，精彩的世界不只属于你的丈夫。所以，参加一个俱乐部或者沙龙之类的，只是打个比方，就是让你丈夫知道你还有一个属于你自己的世界。当你的注意力转移之后，你就不会感到那么枯燥和烦琐。同时还会有一定的神秘感，会增加你的魅力。

## 6. 运动让你恢复年轻的活力

再没有比紧张和疲劳更容易使你苍老的事了，也不会再有别的事物对你的外表更有害了。

我的助手，在波士顿医院思想控制课程里坐了一个钟点，听负责人保罗·约翰逊教授谈了很多很多我们在前一章已经讨论过的原则——那些能够放松的方法。在10分钟放松自己的练习结束之后，我那位和其他人一起做这些练习的助手几乎坐在椅子上睡着了。为什么生理上的放松能够有这么大的好处呢？因为这家医院——和其他医生一样——知道，如果你要消除忧虑，就必须放松。

身为一个家庭主妇，一定要懂得如何放松自己。你有一点强过别人的地方——只要想躺下随时就可以躺下。而且你还可以就躺在地上。奇怪的是，硬硬的地板比里面装着弹簧的席梦思床更有助于你放松自己。地板给你的抵抗力比较大，对脊椎骨大有好处。

今晚上床之前，先安排好明天工作的程序——很多家庭主妇，因为做不完的家事而感到很疲劳。她们好像永远也做不完自己的工作，老是被时间赶来赶去。为了要治好这种匆忙的感觉和忧虑，建议各位家庭主妇，在头一天就把第二天的工作安排好，结果呢？她们能完成许多的工作，却不会感到那么疲劳。同时还因有成绩而感到非常骄傲，甚至还有时间休息和打扮。每一个女人每一天都应该抽出时间来打扮，让自己看来漂亮一点。我认为，当一个女人知道她外观很漂亮的时候，就不会"紧张"了。

好啦，下面就是一些可以在你自己家里做的运动。先试一个礼拜，看看对你的外表有多大的好处。

1. 只要你觉得疲倦了，就平躺在地板上，尽量把你的身体伸直，如果你想要转身的话就转身，每天做两次。

2. 闭起你的眼睛，像约翰逊教授所建议的那样说："太阳在头上照着，天空蓝得发亮，大自然非常地沉静，控制着整个世界——而我，大自然的孩子，也能和整个宇宙调和一致。"

3. 如果你不能躺下来，因为你正在炉子上煮菜，没有这个时间，那么只要你能坐在一张椅子上，得到的效果也完全相同。在一张很硬的直背椅子里，像一个古埃及的坐像那样，然后把你的两只手掌向下平放在大腿上。

4. 现在，慢慢地把你的10个脚指头蜷曲起来——然后让它们放松；收紧你的腿部肌肉——然后让它们放松；慢慢地朝上，运动各部分的肌肉，最后一直到你的颈部。然后让你的头向四周转动着，好像你的头是一个足球。要不断地对你的肌肉说："放松……放松……"

5. 用很慢很稳定的深呼吸来平定你的神经，要从丹田吸气，印度的瑜伽术不错，规律的呼吸是安抚神经的最好方法。

6. 想想你脸上的皱纹，尽量使它们抹平，松开你皱紧的眉头，不要闭紧嘴巴。如此每天做两次，也许你就不必再到美容院去按摩了，也许这些皱纹就会从此消失了。

## 7. 从容有序地安排好一天

你知道那些全国最忙碌的女性是怎样在每天仅有的24个小时里完成庞大的工作量的吗？每天，罗斯福总统夫人的日程表都没有一点空闲——写作，在各地演讲，增进国与国之间的友谊，许多比她年轻的女性也很难完成这些繁重的工作，因此，谁也不会说她是个懒惰的人。我曾在纽约采访她，而她马上就要飞往另一个城市参加一个民主党的集会去了。当我问她怎样才能有效地安排自己的工作时，她简单而清晰地回答："我珍惜哪怕一点点儿的时间。"她告诉我，每天天不亮，她就要起床，一直工作到深夜。她会在约会或会议之间的空余时间来写那些在报纸的专栏上发表的文章。

和罗斯福夫人一样，我们每个人都拥有24个小时，那么，我们是怎样度过这一天的呢？我们没时间做自己想做的事、没时间读一些好书、没时间自修、没时间带孩子去动物园玩、没时间参加家长与老师之间的联谊会等所有的事。

生活中，很多家庭主妇都认为，她们的时间都用在做家务上了，有这种想法的女性应该自我检讨一下。如果她们将她一星期内的时间安排详细地记录下来的话，她一定会大吃一惊的。你也可以在自己还算清醒的时候试着记录一下自己做过的事情，看看到底是怎么样的。如果你说了实话的话，你就会惊讶地发现，这样的记录实在是太多了：10点至10点15分，与×××电话；下午1点至2点，和隔壁的邻居闲聊；8点至下午3点，和×××逛街，在外面用了午饭。在你记录了一个星期以后，你就会清楚地发现，自己是怎样在日常生活中不知不觉地浪费时间的。

可见，我们每天浪费的时间简直是数也数不清，比如我们会等着某人的电话、等候公共汽车和地铁。为什么我们不好好利用这些空余的时间呢？

现实生活中，大多数人都比美国总统要清闲得多，可他们却常常叫喊着："我忙得没时间看书啊！"

我们可以很容易地计算出自己"浪费"的那些时间，因此，我们需要学习如何高效地利用那些在繁忙的工作中出现的空当时间。你想改善自己的外表吗？你是不是想学习一门外语、读一些好书？你是不是想写作、唱歌、绘画？你是不是想听听音乐或出去游玩？快把这些空当利用起来吧，别说自己没时间了。

已故的富兰克·其尔布雷斯是动力科学研究工程师，他曾写过一本奇妙的畅销书，叫做《一打比较便宜》。这本书讲的是富兰克·其尔布雷斯的家庭故事。一直以来，他和妻子莉莉安·其尔布雷斯博士都非常努力，他们想把节省时间、劳力的方法带进工商界和家庭的管理方式中。他们有12个孩子，在孩子小的时候，他们就培养孩子这样的观念：上帝赐予我们时间，我们必须高效地利用每一分钟。孩子们早晨洗漱准备上学的时候，他们能从父亲放在浴室的海报上学会不少新字。在他们家里，时间从来都是被高效利用的东西。

也许，你已经发现，那些负责本地红十字会主席团的推动工作的人和负责家长教师联谊会的人都是你身边最繁忙的人，她们同样做了许多工作。可看上去，她们好像总比懒惰的人更有空闲。她们雇了两个女佣吗？或者是没有孩子的妇女吗？要么就是每天中午才起床，下午打桥牌的太太？不是这样的，这些最忙碌的年轻女性都有自己的孩子，还有一个积极上进的丈夫。她们不但得把自己的本职工作做好，还要在周末的时候去唱诗班唱歌。她们是怎么完成那么多事情的呢？只是因为她们会合理安排自己的时间和家务罢了。浪费时间比浪费金钱更悲惨，丢失了金钱还可以赚回来，而丢失了时间却永远都找不回来。

为了帮助你能够高效地利用时间，你需要记住以下规则：

至少花一星期时间真实地记录每天使用的时间，并对自己浪费时间的行为进行自我反省，找出自己浪费时间的关键所在。

每周都要制订出下周的工作计划。既然这个方法能用于企业管理，那么，它肯定对每个人都有好处。合理安排每一个工作时间，让自己远离神经紧张、头昏脑涨的状态。也许有时会发生意外的事，你需要更改工作计划，但是，如果坚持按既定的计划工作，你会发现，你的收获将随着时间的增加而增加。

制定出高效的工作方法。比如可以一次买完的东西，就不要跑第二次，这样，可以省下很多时间，而且，这种做法也更有效率。预先写出一个星期的菜单，不仅能节约很多时间，还能更合理地安排家人的饮食。

高效地利用你每天"浪费掉的时间"。现在就去做一个计划，把那些你从没时间做的，有价值的事情用你的空余时间做完。试试这个方法，看看有怎样的效果。

向盖塞提太太学习，用相同的时间做双倍的工作，提高自己的工作效率。当她为孩子们热奶瓶时，同时替丈夫做营业活动的计划；当她等待烤箱中的肉烤熟时，处理一些公文或者起草计划；当她领着孩子们去公园玩时，也可以做些织补的活，这些都是把一个小时当成两个小时来用的表现。

无须让自己受累，充分利用现代化的高效方法。如果花一下午的时间去逛街买回本来可以邮购或电话订购的东西就是在纯粹地浪费时间。所有报纸上的广告、从商店顺手拿回的小册子都是能够节省时间的好东西。

能灵活购物是一种需要学习的技术，如果你学会如何灵活地买东西，你就能省下很多时间。如果你学会了这种技术，你就能合理地利用时间和金钱，从中获得更多的益处。

当你需要全神贯注地工作时，要尽量避免不必要的打扰，比如突如其来的电话或门铃声。只要有一点经验，你就能学会暂时不予理睬。很快地，你的朋友也知道了只有在固定的时间打电话过来你才会接，同时，她们也会因为你能高效地做事而更加敬佩你。

## 8．懂得和男人相处的艺术

◆婚姻对于大多数男人来说都是望而生畏的，但是英国伟大的政治家狄斯累利却说："我一生或许会犯许多错误，但我永远在打算为爱情而结婚。"他在35岁以前真的没有结婚。后来，他向一位有钱的、头发苍白且比他大15岁的寡妇求婚。也许我们都会问，他们之间存在爱情吗？她知道他不爱她，知道他为她的金钱而娶她！所以她只要求一件事：请他等一年，给她一个机会研究他的品格。一年快到了，她与他结了婚。

这故事听起来有些好笑，也够矛盾的，狄斯累利的婚姻，是在所有破坏了的、玷污了的婚姻史中一个最充溢生气的婚姻。他所选择的有钱寡妇既不年轻，也不美貌，更不聪敏。她说话时常发生文字或历史的错误，令人发笑。例如，她永不知道希腊人和罗马人哪一个在先，她对服装的兴味古怪，她对房屋装饰的兴味奇异。但她是一个天才，一个确实的天才，在婚姻中最重要的事情——处置男人的艺术上。

她没有用她的智力与狄斯累利对抗。当他一整个下午与机智的公爵夫人们钩心斗角地谈得精疲力竭以后回家时，她的轻松闲谈使狄斯累利日增愉快，成为他获得心神安宁，并沐浴于她的敬爱的温存中的地方。这段时光是狄斯累利与这位年长的夫人在家所过的时间，也是他一生最快乐的时间。她是他的伴侣、他的亲信、他的顾问。每天晚上他由众议院匆匆回来，告诉她日间的新闻，而这是重要的——无论他从事什么，她简直不相信他会失败的。

30年来，她为狄斯累利而生活，她尊重自己的财产，因为那能使他的生活更加安逸。反过来说她是他的女英雄，在她死后他才成为伯爵；但在狄斯累利还是一个平民时，狄斯累利就劝说维多利亚女王擢升她为贵族。所以，在1868年，她被封为毕根菲尔特女爵。

无论她在公众场所显示出如何无意识，或没有思想，狄斯累利永不批评她，他从未说出一句责备她的话；而且，如果有人敢讥笑她，他即刻起来猛烈忠诚地护卫她。这个年长的夫人不是完美的，但30年来，她从未厌倦谈论她的丈夫，而是时常称赞他。结果呢？"我们已经结婚30年了，"狄斯累利说，"她从来没有使我厌倦过。"

"谢谢他的恩爱，"她习以为常地告诉他与她的朋友们，"我的一生简直是一幕很长的快乐。"在他俩之间有一句笑话。"你知道的，"狄斯累利会说，"无论怎样，我不过为了你的钱才同你结婚。"妻子笑着回答说："是的，但如果你再重选择一次，你就要为爱情而与我结婚了，是不是？"而他承认那是对的。

这个世界上有一半的人是男性，所以如何与男人相处，成为每个女人都要面临的问题。既然男人和女人之间存在差异，我们也不得不接受这个事实，那么作为女人，多考虑一下如何与男人相处应该不是一件坏事。

男人希望女人能为他做什么事呢？当然是舒适！第二次世界大战结束时，那些继续留在军中服役的男人曾接受过一次问卷调查，其中有一个问题问："你希望婚姻生活给你带来什么？"几乎所有人都给出了同样的答案——既不是令人心荡神驰的富有女性魅力的女人，也不是刺激，更不是兴奋，而是普通意义的舒适！

这个答案也许会让那些盲目迷信化妆品和香水广告的小姐们失望透顶。但是，既然男人只需要舒适，为什么不给他们舒适呢？一些参加了某项课程的女士们，根据她们与男人在一起的经历，经过讨论之后，总结出以下几条行之有效的规则，这些规则完全可以作为女人如何与男人相处的有效法则。

1. 保持一个好性情

任何女人如果想和男人愉快地相处的话，那么无论这个男人是她的丈夫、还是她只有3个月的儿子，她都应该多注意自己的性情，而不必刻意注重自己的过失，因为男人们情愿在愉快的气氛中吃罐装的青豆，也不会乐意面对一个满脸愁容、唠叨不休的女人吃牛排。家庭问题专家桃乐丝·狄克思曾说过："男人选择女人的第一个要求，就是女人要有一个好性情。"

2. 做个体贴入微的女性

一个体贴的女性是男人坚强的精神后盾，是男人得力的助手，也是保证男人成功的动力。弗洛伦斯·梅纳德住在纽约州北部的一个小镇，她是一个普通的家庭主妇。在过去16年的婚姻生活中，她只会做一些家务，所以她总觉得自己的生活似乎缺少了什么东西。后来，她终于知道那是伴侣的亲情。然而，梅纳德夫妇的共同兴趣和爱好实在是太少了，梅纳德夫人开始采取行动，以改变这种状况。

"我丈夫的一项主要爱好就是职业曲棍球，"梅纳德夫人说，"所以，我首先要培养自己这方面的兴趣。当我对曲棍球的知识十分精通之后，我对这项运动也有了很浓的兴趣。我和我丈夫怀着同样的热情去观看曲棍球比赛，还记下了电视转播曲棍球比赛的时间。从此，我不仅喜欢上了这项令人感兴趣的运动，而且还发现自己有事情可做了。我从中所得到的，不仅仅是陪丈夫欣赏这项运动的乐趣，而且还包括充实的生活——我再也不会一个人无聊地坐在家里无事可做了……除了曲棍球之外，我现在又找到了一些新的兴趣，我又可以和我丈夫一同分享更多的乐趣了。"

### 3. 做一个善于倾听的女性

几乎所有男人都认为女人的话太多，他们这话的意思是指女人抢走了他们说话的机会。许多女人错误地认为，听男人说话就是默不作声地坐在那里，耐心地听男人说个没完。其实，听人说话也要表现出积极的态度，如果你是一个善于倾听的人，就会在适当的时刻加入到谈话当中去。

倾听，不是单调的独白，而是一种积极的双向沟通。然而，大多数人都不是理想的听众，因为他们不了解沟通的规则。不过这些都是能通过练习加以改进的。女人一旦掌握了倾听的艺术，就会与男人相处得更加愉快，进而与其他人相处得更融洽，而这也将会促进女人的成熟——这正是获得成熟的途径之一。

### 4. 配合好丈夫的行动

男人的一时兴起有时的确会让那些喜欢按计划办事的女人厌烦。我就认识一个非常快乐的妻子，她嫁给了一个喜欢度短假的丈夫。丈夫经常是在看过一份旅游广告之后，就给妻子打电话说："收拾好行李，亲爱的！明天早上我们去洛杉矶。"这时，早已习惯的夫人会很快收拾好放了泳装的手提箱，请邻居帮忙照顾她的小鹦鹉，然后将所有的约会推掉，等着第二天早上上船。她还会说："这没什么大不了的。任何一个女人，只要稍加训练，都可以做到的。"

我知道他们的婚姻是很幸福的，这都得益于这位朋友的妻子。要学会适应男人的心情，这是女人赢得男人欢心的最好办法。当男人突然产生一个想法时，他喜欢立即付诸实施！假如女人不能适应男人的这种冲动，无疑会令他们感到气愤。只有试着学会适应男人情绪的女孩，才能在与男人相处的道路上迈出成功的一步。

## 9. 闷葫芦会让你未老先衰

一年秋天，我的助手坐飞机到波士顿参加一次世界性的最不寻常的医学课程。是医学吗？不错。这个课程每周举行一次，参加的病人在进场之前都要进行定期和彻底的身体检查。可是实际上这个课程是一种心理学的临床实验，虽然课程正式的名称叫做应用心理学，其真正的目的却是治疗一些因忧虑而得病的人，而大部分病人都是精神上感到困扰的家庭主妇。

这种专门为忧虑的人所准备的课程是怎么开始的呢？1930年，约瑟夫·普拉特博士——他曾是威廉·奥斯勒爵士的学生——注意到，很多到波士顿医院来求诊的病人，生理上根本没有毛病，可是他们却认为自己有那种病的症状。有一个女人的两只手，因为"关节炎"而完全无法使用，另外一个则因为"胃癌"的症状而痛苦不堪。其他有背痛的、头痛的，常年感到疲倦或疼痛。她们真的能够感觉到这些痛苦，可是经过最彻底的医学检查之后，却发现这些女人没有任何生理上的疾病。很多老医生都会说，这完全是出于心理因素——"病在她的脑子里"。

可是普拉特博士却了解，单单叫那些病人"回家去把这件事忘掉"不会有一点用处。他知道这些女人大多数都不希望生病，要是她们的痛苦那么容易忘记，她们自己早就这样做了。那么该怎么治疗呢？

他开这个班，虽然医学界的很多人都对这件事深表怀疑，但却有意想不到的结果。从开班以来，18年里，成千上万的病人都因为参加这个班而"痊愈"。有些病人到这个班上了好几年的课——几乎就像上教堂一样地虔诚。我的那个助手曾和一位前后坚持了9年并且很少缺课的女人谈过话。她说当她第一次到这个诊所来的时候，她深信自己有肾脏病和心脏病。她既忧虑又紧张，有时候会突然看不见东西，担心失明。可是现在她却充满了信心，心情十分愉快，而且健康情形非常良好。她看起来只有40岁左右，可是怀里却抱着一个睡着的孙子。"我以前总为我家里的问题烦恼得要死，"她说，"几乎希望能够一死了之。可是我在这里学到了忧虑对人的害处，学到了怎样停止忧虑。我现在可以说，我的生活真是太幸福了。"

这个班的医学顾问罗斯·希尔费丁医生认为，减轻忧虑和压力最好的药就是，"跟你信任的人谈论你的问题，我们称之为净化作用。"她说："病人到这里来的时候，可以尽量地谈她们的问题，一直到她们把这些问题完全赶出她们的脑子。一个人闷着头忧虑，不把这些事情告诉别人，就会造成精神上的紧张和压力。我们都应该让别人来分担我们的难题，我们也得分担别人的忧虑。我们必须感觉到世界上还有人愿意听我们的话，也能够了解我们。"

我的助手亲眼看到一个女人在说出她心里的忧虑之后，感到一种非常难得的解脱。她有很多家事的烦恼，而在她刚刚开始谈这些问题的时候，她就像一个压紧的弹簧，然后一面讲，一面渐渐地平静下来。等到谈完了之后，她居然能面露微笑。这些困难是否已经得到了解决呢？没有，事情不会这么容易的。她之所以有这样的改变，是因为她能和别人谈一谈，得到了一点点忠告和同情。真正造成变化的，是具有强而有力的治疗功能的语言。

就某方面来说，心理分析就是以语言的治疗功能为基础。从弗洛伊德的时代开始，心理分析家就知道，只要一个病人能够说话——单单只要说出来，就能够解除忧虑减轻压力。为什么呢？也许是因为说出来之后，我们就可以更深入地看到我们面临的问题，能够找到更好的解决方法。没有人知道确切的答案，可是我们所有的人都知道"吐露一番"或是"发发心中的闷气"，就能立刻使人觉得畅快得多了。

所以，下一次我们再碰到什么情感上的难题时，何不去找个人来谈一谈呢？当然我并不是说，随便到哪里抓一个人，就把我们心里所有的苦水和牢骚说给他听。我们要找一个能够信任的人，跟他约好一个时间，也许找一位亲戚，一位医生，一位律师，一位教士，或是一个神父，然后对那个人说："我希望得到你的忠告。我有个问题，我希望你能听我谈一谈，你也许可以给我一点忠告。也许旁观者清，你可以看到我自己所看不见的角度。可是即使你不能做到这一点，只要你坐在那里听我谈谈这件事情，也等于帮了我很大的忙了。"

# 中篇

## 第四章
## 腹有诗书气自华

　　每个人所能培养出来的优雅气质完全来自完善的内心，是充实的内心世界、淡定的心灵形诸于外的真挚表现，是自信的完美个性的体现。而所有这些都来自你的修养以及你对美好天性的培养。

　　"腹有诗书气自华"。具有渊博知识的女人身上会散发出一种优雅的风度。书就像一把金钥匙，可以帮助人开阔视野，净化心灵，充实头脑。知识，可以消融容颜凋零的惆怅，可以改善一个人的气质，可以让一个人的心灵和精神得以富足，让青春永驻、美丽永存。

　　一个人的真正魅力主要在于特有的气质，这种气质对同性和异性都有吸引力，这是一种内在的人格魅力。

## 1. 读书可以改变一个人的气质

　　林肯说："一个人40岁之前的容貌是由父母决定的，40岁之后的容貌就是由自己决定的。"所谓"境由心造，相由心生"，从某种意义上讲，每个人在成长的过程不断修正自己，不断修炼自身，天长日久，容貌都会发生改变。对于女性而言，这就叫"心理美容"——自信会使我们美丽，智慧更使我们美丽！

　　世界有十分美丽，但如果没有女人，将失掉七分色彩；女人有十分美丽，但如果远离书籍，将失掉七分内蕴。书犹如一把钥匙，可以开阔女人的眼界，净化她的心灵，充实她的头脑。它让女人变得聪慧、坚韧、成熟，让女人明白包装外表固然重要，但更重要的是要滋润心灵。读书的女人是美丽的，喜欢读书，就等于把生活中平常的时光转换成了巨大享受的时刻。

　　罗曼·罗兰曾经说过："和书籍生活在一起，永远不会叹息。"由此可见，你要想做一个有主见、有内涵、充满浓郁女人味的新时代女性，读书是必由之路。

　　读书人与不读书的人就是不一样，这从气质上便可看出。读书是一项精神功课，对人有潜移默化的感染，读书人的气质就是由连绵不断的阅读潜移默化养就的。有些人从外貌上看是毫无气质、毫无魅力的，甚至是丑陋的，然而，读书生涯居然使他们获得了新生。有的女人自知相貌平平，便发愤读书，由于她读的书多，知识就比较渊博，变得越来越自信，变得越来越有气质。

读书的女人永远美丽。漂亮和美丽是两回事。一双眼睛可以不漂亮，但眼神可以美丽。一副不够标致的面容可以有可爱的神态，一副不完美的身材可以有好看的仪态和举止。这都在于一颗灵魂的丰富和坦荡。美化灵魂有不少途径，但读书是其中最为可行的、不昂贵的，不需求助他人的捷径。

爱读书的女人，视读书为人生的最大快乐。当别的女人正津津乐道时尚流行、张家长李家短时，她正陶醉在书的世界里，洗涤自己，充实自己，忧伤着自己，快乐着自己。偌大的阅览室内，爱读书的女人一个人坐读，整个世界都是自己的，没有嘈杂，没有纷争，没有虚伪，没有疲累，只有愉悦惬意。

爱读书的女人看世界，觉得天蓝地阔人美。她把生活读成诗，读成散文，读成小说。对生活，她真心投入，用心欣赏，心里从不设防；对世人，她不装腔作势，不阿谀奉承，总透着一身书卷气、一股清高味。

爱读书的女人爱自然。自然能净化人的心灵，让人返璞归真。她爱听属于自然的一切声音：风声、雨声、松涛声，犬吠、鸡鸣、蟋蟀叫。听到它们的时候，是心情最宁静的时候。这宁静，是没有争逐的安闲，是没有贪欲的怡然。

爱读书的女人爱简朴。简朴，是她生存的方式。不挂金戴银，底气十足，她敢于素面朝天；不吃鱼食肉，饭食清淡，她神清气爽；居室简陋，不加刻意装修，惬意家的真实，绝无人在旅馆之感。她简朴到身居闹市，却能远离红尘的烦琐与喧嚣。

爱读书的女人不会急躁。所有的喜怒哀乐都能在这里得到合理又合情的过滤，最终使她归于平静、坦然。

爱读书的女人，更爱家庭。家，是她幸福的源泉。她把孩子看成自己一生中最杰出的作品。孩子是最原始的自然，孩子拥有的天真、清纯是她追求向往的境界。她把丈夫看成一生中最耐读的书，有情味，含哲理。

爱读书的女人，会使生活情趣高尚，很少持续地去叹息忧郁或孤独惆怅，重要的是拥有健康的身体、从容的心态。只要心境能保持年轻，对于年华的逝去就会无所畏惧。

对于书，不同的女人会有不同的品味，不同的品味会有不同的选择，不同的选择得到不同的效果，于是演绎出一道女人与书的风景线。有的女人，读书是为了获取知识、增长才干，她们注重思想性强、有哲理、有深度的书。书提高了她们的人生境界，使她们生活得很充实。这样的女人本身就是一本书，一本耐人寻味的好书。

高尔基说："学问改变气质。"看来，读书是气质、精神永葆青春的源泉。读书又是不分年龄界限的，年年岁岁都是女人读书的芳龄，读书对于女人来说，永远是一份不过时的美丽。

## 2．知识能滋养心灵的成长

外表对于女人固然重要，但更重要的是心灵的滋润。心灵是组成我们身体的最重要的、最基本的部分。要想使它成长，我们就要给它养料，锻炼它；如果我们根本不管它，不滋养它，它就不再成长，甚至退化。

有一天，一位异常沮丧的女士找到我希望得到帮助，她丈夫是名有成就的经理，且兴趣广泛，还有着很高的文化品位，她感觉自己越来越配不上他了，丈夫对她的爱也逐渐减少了。

她说她丈夫对音乐、美术和文学很痴迷，而自己没有机会上大学，结婚后又生了好几个孩子，根本没有时间、精力去欣赏音乐、汲取美术和文学方面的知识。

她抱怨说："就因为我与他和他那些知识分子朋友没有什么共同语言，他就厌倦我，这不公平！"

现在她的孩子都已经长大结婚了，我问她现在是如何安排自己的空闲时间的。她说除了打桥牌外，她每周会去看两场电影，当然有时也读一些以言情小说为主的小说。很明显这个女人根本没有努力去改善自己的处境。这当然不是她没有机会，她只是缺少精神和动力。你看她把时间花在打桥牌甚至看电影上，就是不去扩展她自己的兴趣，她当然不会跟上丈夫的脚步。

有些人就像这位不思进取的女士一样，被遗忘在狭小的世界里，画地为牢，与世隔绝。他们说这一切已经太迟了，他们又太老。他们总是自以为是地认为自己太老才赶不上人生站台上的末班车。事实上，对那些想发展自己的人来说，人生是一个永无终点的精神之旅。

当代许多成功女性在回顾自己的成长道路时，常常将人生一些最真诚、最辉煌的瞬间和感悟与一本或几本好书联结在一起。一本好书能够给予一个人最初的人生启蒙甚至终生的影响，这有多么神奇！

英国著名诗人拜伦非常爱读书，书本上源源不断地流向他脑海里的新知识，使他看上去永远是那么朝气蓬勃、热情奔放。据记载，他总是在不停地看书，连吃饭时饭桌上也摊着一本书，他常会忘了喝茶或吃烤面包，却不会忘记读书。他会让面前的烤羊腿、马铃薯冷掉，可对书本的热情却丝毫不会冷却。他外出散步时也总是手不释卷，要是独自出门，他便自言自语地吟诵；要是与友人同行，他就大声朗读，谈到动情处，同行的朋友无不动容。

虽然，拜伦的一生非常短暂，却放射出了最炫目的光芒，《西风颂》、《云》、《致云雀》等抒情诗堪称是文学史上的不朽之作。在英国，这样的"书痴"数不胜数。曾一度登上英格兰王位的简·格蕾女士，在年轻时，有一天坐在家中窗下沉迷地读着柏拉图对苏格拉底之死的美丽描述。她的父母亲都在花园里游玩，猎狗的狂吠之声从开着的窗子里清晰地传进去。一位来访者十分惊异简·格蕾女士竟然不参加他们的游戏。她却平静地说："我认为，他们在花园里的快乐不过是我在柏拉图那里所获得的快乐的影子罢了。"

读书，可以增长见识、陶冶性情，使人的情感更细腻，举止更优雅，气质更深沉。喜欢读书，就等于把生活中平常的时光转换成了巨大享受的时刻。读书为人生带来了最美妙的时光，一个人沉浸于文学世界中时几乎可以称得上是世界上最幸福的人。

在人生的道路上，由于偶然的机遇或出于必然的选择，人们踏上了不同的人生旅程，选择了不同的人生方向。有时，一本书能够影响到一个人的整个人生，甚至可以让很多人在书籍中找到殊途同归的真理。女人就需要这样的沉浸。

没事的时候，去书店逛逛，认真挑几本可以提升自己的书籍买回家后阅读，不管是名著还是理财方面或是励志方面的，都有值得我们学习的地方。

的确，读书可以丰富人的思想，滋养人的心灵，让女人以更加智慧，更加优雅的方式去生活，而且读书还为女人的美丽增添了厚重的文化底蕴和质感。选择一本好书，它能够教会人很多哲理，并让你学会以一种平和的心态去迎接生活的痛苦或快乐。正如一位女作家所说，或许获得美丽有多种途径，但阅读是其中最有效的，不昂贵的，不需求助他人的捷径。

## 3．给自己的思想充电

对于职场女性来说，想要保住饭碗，就不能坐吃老本。只有不断对自己进行"充电"，随时更新自己的文化知识和职业技能，才有机会在职场竞争中始终立于不败之地。

现代社会科学技术日新月异，不断给职业生活注入新的内容和活力，要求女性必须不断学习和更新职业技能。作为职场中的一名精英，年轻女性已成为"充电一族"中一个庞大的群体。同样环境、同样时间以及同样条件下，两个文化程度相同的女性，经过若干年之后，一个通过业余学习，可能成为具有某方面专长的专家，另外一个不愿学习，就可能成为平平庸庸的人。

对于白领女性来说，消费和投资有很大一部分是用来充实和完善自己，以增加自己为事业打拼的实力。只有不断对自己进行"充电"，随时提高自己的文化水平，不断地掌握新技术来改进和发展自己的职业生涯，才有机会在21世纪的"知识竞争"、"人才竞争"中占据永不落后的一席之地。

专家认为，从"充电"情况来看，虽然女性成为高层领导者的人数比较少，但是她们的需求很多，她们学习的迫切性也胜过男性；从"充电"的比例来看，高层职业女性也高于低层职业女性。专家认为压力是主要原因之一。在工作中，如果男女的条件相当，那么女性的升职则比男性难，在这一点上，过去的历史要负很大的责任。中国五千年的传统文化，特别是两千年的封建文化，是束缚中国女性发展的桎梏，也是女性不能更好地表现自己的根源。

虽然现在都说男女平等，但事实却并非如此，在各个方面女性还是受到很多的限制，如升职的机会、工作的限制、管理层的排挤等。这些现象使女性深刻地意识到：只有不断"充电"，使自己变得更强更有力，才能拥有自己的位置。

与此同时，由于种种原因，总的来说女性受教育（尤其是受到高等教育）的机会相对于男性还是要少得多，加上社会角色（比如说女儿、妻子、母亲等）对女性的规范和要求，女性在工作中的角色扮演情况就会受到很大程度的限制。所以，年轻的女性只有通过"充电"来增加竞争的资本，以此证明女人并不比男人差。

那么，年轻的女性应主要在哪些方面给自己"充电"呢？自我"充电"的内容应包括以下几个方面。

### 1. 加强职业道德修养

也许你并没有认识到这一点，职业道德修养是职业活动的基础，也是自我完善的必由之路。它是从业人员根据职业道德规范的要求，在职业意识、职业情感、职业理想和职业行为等方面的自我教育、自我培养、自我锻炼和自我改造，它可以提高自己的道德素质，不断克服错误的职业意识。可以说，职业道德修养的过程，是使自己在职业道路的阶梯上不断攀登的过程。

### 2. 不断学习科学文化知识

在当代科学技术已成为第一生产力的情况下，缺少文化技术知识，不可能成为一个合格的职业女性。即使大学毕业了，有了职称和工作业绩，也只能代表过去的成绩。每个女性在职业活动中的能力，基本上取决于对高新文化技术知识的掌握和运用程度。

### 3. 注重提高职业操作技能

任何职业活动都是由一定的职业操作技能结合的，提高职业操作技能就等于提高了职业活动能力。你可以通过学徒、实验、参加比赛等形式，不断提高本职业的基本操作技能，并达到较高的熟练程度，以顺利地完成本职工作任务。

所以，职场中的女人没有理由放弃学习，不积极更新职业技能就无法胜任工作，在竞争日益激烈的职场中也就无法站稳脚跟。

既然工作后继续学习、更新职业技能已经成为女性自我证明和提高竞争力的有效途径之一，社会上也提供了多种培训手段，那么你知道哪一种真正适合你吗？

如果你需要的是一块进入好企业的"敲门砖"，你可以选择能获取文凭，让你改头换面的系统学习。作出这样的选择之前，你首先要弄清是谁在办学，教学条件如何，自己能学到什么真本事，他们的文凭或证书在相应的领域中占有什么样的位置。

要想保住饭碗，人人都不能坐吃老本，人人都必须不断"充电"，光靠原有的旧知识坐吃山空根本不行。尤其是年轻的女性在职场这片天地里，只有居安思危，不断自我"充电"，尽可能地运用自己的智慧和才能，方能脚踏实地，阔步向前！

## 4. 学习是一辈子的修炼

美国舆论调查机构的创始人和罗德奖金新泽西委员会的主席乔治·盖洛普曾说过:"学习是一种持续一生、不能停顿的过程,可我们当中有很多人在取得文凭后就停止了学习。"

大学为我们提供的只不过是学习研究的时间和场所,而有待我们自己解决的问题还有很多。如果我们想要丰富自己的心灵,或防止孤寂无聊,那我们就得了解"活到老,学到老"的真正意义。

多年以前,大学很少,费用又很高,上学又不方便,所以,能上大学的只是一小部分人。连书也很不好买,更没有什么夜校。现在的情况比以前好多了。无论你是谁,只要你想学习,你就有受教育的机会。老太太上大学、拿文凭也是稀松平常的事。

我认识一位妇女,她住在得克萨斯城,她的丈夫是一位律师,她的五个儿子身强体健,她送他们上大学、接受技术培训,看着他们成长为专业人士、企业经理。当她最小的儿子大学毕业参加工作时,她已是个五十多岁的做了奶奶的人了。她去得克萨斯大学做了四年的旁听生,最后,以优异成绩毕业了。现在,她已经七十多岁,丈夫已经去世,她独自一人住着。你可千万别替她难过,她是那么的活跃、迷人,她做社工,有许多朋友和仰慕者,多得她都觉得有点手足无措了。每个走进她生活的人,对她都是一种鼓舞。她很受儿子、儿媳们的欢迎,他们喜欢她去他们家居住。她在自己的心田里播下了善果,现在,她享受着同样的收成。

大学只能提供给我们一段时间,让我们有一个地方能够学习;以后,我们就要靠自己了。所以,无论我们是什么学历,首先,我们都应该明白，我们必须继续学习，要活到老，学到老。我们要时刻滋养我们的心灵，以免在将来的日子里，饱受寂寞的折磨。

赫伯特·莫瑞生——英国工党的杰出领袖曾谈起自己得到的最好忠告，那时他才15岁，在一家杂货店当小工。一个街头的骨相师给他摸过骨后，问他平日都看什么书，他回答说大部分是看那些书报摊上一个硬币一本的那种关于恐怖的谋杀案的书或短篇故事。

骨相师说："虽然看这些无聊的书比不看书要好，但我觉得你很聪明，应该看些历史、传记方面的书。你可以凭自己的爱好去选择书看，不过你要养成一个严肃的阅读习惯。"

正是这位骨相师的话使莫瑞生的人生有了转折。他知道了即使只有小学文化，也一样能通过阅读来提升自己。从那以后，图书馆成了他经常光顾的地方，终于有一天，他进入了英国下议院。后来他说："以前我每天都把时间浪费在听广播、看电视上了，但是与一本好书相比，这些节目都是微不足道的。"

从美国舆论调查机构的调查来看，相对于其他英语国家，美国的读书人数正在逐渐减少，大多数美国人在整个去年还没有读完一本书。有60%的人说除了《圣经》外，去年他们一本书都没有读过，甚至有1/4的大学毕业生也是这么回答的。

虽然在物质上，我们过着世界上最高水准的生活，可在知识上，我们却无比贫乏。为什么我们要任心灵荒芜呢？浩瀚的知识海洋是允许每个人在里面遨游的，我们的图书馆是对任何人都开放的，为什么我们却要心灵如此饥渴？

书籍能使我们穿越时间、空间，去和世界上的伟人对话，与伟大的心灵沟通，使我们遨游在心灵所创造出来的世界里。书籍能使我们博学、睿智，任何我们渴望学习和知道的东西，都可以在书本中找到。

"文学经验是人类生活中最具深远影响的最能塑造心灵的重要事件。它可以通过聚会、说书人把文化繁衍生息；它可以使我们在几千年后仍可以接受柏拉图和耶稣的教导；它可以把心灵和时间紧密结合起来，使我们有能力管理和控制宇宙；它既可以像'善'这个概念一样抽象，却又可以如门闩一样精确实用，它是人类通往高尚优雅境界的黄金之路。"新泽西州布鲁菲尔的初中教师兼阅读专家弗兰克·G.詹宁斯如是说。

是啊，书是人类精神的奇葩，是人类智慧、愿望和抱负的结晶。也许我们有机会认识和我们同处一个时代的伟人，但若你想了解他们，最好的办法就是读他们的书籍。我们奢望着能与伟大的心灵交谈，比如能跟苏格拉底一块散步或与雪莱一起做梦，和萧伯纳进行辩论或与马克·吐温一起开怀大笑……你知道吗，只要你还活着，只要你走进任何一家图书馆，你的梦想就会成真。

## 5．让书带你步入发现之旅

人一生下来就限于宇宙中的一个狭小空间里。虽然我们能活60年、70年，甚至90年、100年，可是这些时间与永恒相比又算得了什么呢？如果我们再把自己封闭起来，远离书籍、抛开对知识的渴求，那么我们注定只能待在现在这个狭小的单元间里。

书籍能让我们感受到鲜活的人类经验。通过书籍，我们可以知道罗马十二大帝时代的人们是如何思考问题的，伦敦在瘟疫流行时期处于什么样的状况。

对于俄国这块曾经那么神奇的土地，在陀思妥耶夫斯基、屠格涅夫和托尔斯泰的作品的表述之下，我们仿佛也能看到一个逐渐从内部腐烂的国家。这些不朽的艺术家们借助手中的笔记录下腐败的种子最终结出艳丽的革命花朵。通过这些伟大的作品，我们找到了多么有价值的明鉴啊！

威尔斯曾说："我不敢确信威尔斯的身体或他这个人会不朽，但我敢断言，思想、知识和意志的成长是个永不间断的过程。"

如果我们愿意把更多的时间花在阅读上，那该有多好。时间会自然淘汰书籍中的垃圾，把人类思想和经验的精华保留下来。

读《战争与和平》之类的经典读物可能比读一部新小说要多花些时间，但是它将融入你的生命，一生陪伴着你，让你陶醉。我这里并没有盲目夸大经典对我们所起的作用。你的精神会自然地传给你的后代。而当你老了，你会体会它重新放射的光芒——因为你的成熟和洞察力。

如果你步入这发现之旅，就会懂得什么是"成熟的心灵"。不要去管读书要按照怎样的顺序，我从来不为我的阅读制订计划。随手翻开的一本书，也许反而能带来意外的收获，而且这收获还不浅。这就好比一个人初次出国旅游，不经谋划地漫步在古老王国里，在凝望希腊雅典的女神神殿或埃及金字塔时，内心反而因未经准备而多了一种发现的兴奋，为自己增添了快乐。

有的朋友抱怨，许多古典名著都因为教授们的强迫研读或沉闷乏味的教授方法而让人失去了阅读的兴趣。我却从来没有这种感受，上大学时，我把时间交给了看足球赛和谈恋爱，来不及去做知识上的反抗。我是到了比较成熟的年龄才不怀偏见地接触到古典名著的，一经仔细阅读，它们就回报我以心灵的满足。

因此，我禁不住要说出我的见解："阅读伟大的作品是一条促进自我完善和自我成熟、达到圆满幸福的人生之路。"

我很高兴在《周六文学评论》上结识菲丽丝·麦金莱小姐，她跟我一样，因享受阅读古典名著而兴奋。麦金莱小姐写道："不良教育总让人非议。从哪个角度来看，我受的教育都不容乐观；但在悲观中思索了几年之后，我终于发现即使是无知也还是有它光明的一面。

"世上真的存在文学这种风景！我像一个好奇的陌生人，走进文学的风景，走进英文古典名著的国度。那些经人引导进入这个国度的人，是无法了解一个人怎样安排好自己的日程、徒步完成这个国度的旅行的。"

固然，阅读是自我改进的最重要的方式；对音乐、美术、戏剧、社会服务或政治逐渐发生兴趣，也不失为扩展我们视野的好方法。

我们可以试着忘掉没受过良好教育的借口，重新开始学习的旅程。虽然我们一年比一年大了，虽然我们会失去朋友和健康，但是让引人入胜的兴趣填满我们的内心空间，这样，我们就永远不会再感到孤寂，说不定还会更加喜欢自己！

在那浩渺的书卷里，便会聚着博大精深的文化，延续着人类灿烂的文明，虽历经岁月沧桑，却历久弥新。

## 6．从书中汲取成功的资本

读书是一个人涵养心灵、提升精神境界的重要途径，也是一个人的生存方式。一个人如果从小就能养成良好的阅读习惯，一生必将受用无穷。因为世界上全新的事物实在太少了，哪怕是最伟大的演讲者，也要借助阅读的灵感和来自书本的资料。

想扩大文字储量，必须让自己的头脑常常接受文学的洗礼。约翰·布莱特说："我到图书馆去，只会感到一种悲哀：生命太短暂了，我根本不可能充分享受呈现在我面前的丰盛美餐。"布莱特15岁离开学校，到棉花工厂工作，从此再也没有机会上学校。然而，他却成为他那个时代最辉煌的演讲家，以善于运用英语语言闻名。他阅读、研究、记笔记，更背下著名诗人的漫长诗篇，比如拜伦、密尔顿、华兹华斯、惠特尔、莎士比亚、雪莱等。他每年都把《失乐园》从头到尾看一遍，以增加他的词汇及文学资料。

英国演讲家福克斯通过大声朗诵莎士比亚，来改进他的风格。格雷史东把自己的书房称为"和平庙堂"，有15000册藏书——他承认因为阅读圣奥古斯丁、巴特勒主教、但丁、亚里士多德和荷马等人的作品而获益匪浅。荷马的希腊史诗《伊里亚特》和《奥德赛》使他很着迷，他写下了六本评论荷马史诗和他的时代背景的书。

英国著名政治家、演讲家庇特年轻的时候，经常阅读一两页希腊文或拉丁文作品，然后翻译成英文。他十年如一日，每天这样做，结果"他获得了无人能比的能力：在不需事前思考的情况下，就能把自己的思想化成最精简、最佳排列的语言"。

古希腊著名演讲家、政治家狄摩西尼斯抄写了历史学家修西的底斯的历史著作八次，希望能学会这位历史学家的华丽高贵又感人的措辞。结果两千年后，威尔逊总统为了改进自己的演讲风格，就特别去研究狄摩西尼斯的作品。英国著名演讲家阿斯奎斯发现，阅读大哲学家伯克来主教的著作，是对自己最好的训练。

英国桂冠诗人但尼生每天都研究《圣经》，大文豪托尔斯泰把《新约福音》读了又读，最后竟然背诵下来。罗斯金的母亲每天逼他背诵《圣经》的章节，又规定每年要把整本《圣经》大声地朗读一遍，"每个音节，一词一句，从创世记到启示录"一点也不能少。所以罗斯金把自己的文学成就归功于这些严格的训练。

RIS被公认是英国文字中最受人喜爱的姓名缩写，因为它代表了苏格兰著名作家史蒂文生，他可以算是作家中的作家。他是怎样获得让他闻名于世的迷人风格的呢？很幸运他亲自告诉了我他的故事。

"每当我读到特别让我感到愉快的一本书，或一篇文章的时候——这书或文章很恰当地讲述了一件事，提出了某种印象，或者它们含有显而易见的力量，或者在风格上表现出愉快的特征——我一定要马上坐下来，模仿这些特点。第一次不会成功，一般都这样；我就再试一次。常常连续几次都不会成功，但至少从失败的尝试里，我对文章的韵律、各部分的和谐与构造等方面，有了练习的机会。

"我用这种勤奋的方法模仿过海斯利特、兰姆、华兹华斯、布朗爵士、狄福·霍桑及蒙田。

"不管喜不喜欢，这就是学习写作的方法。不管我有没有从中获得收获，这就是我的方法。大诗人济慈也是用这种方法学习，而在英国文学上再也没有比济慈更优美的诗人了。

"这种模仿方法最重要的一点是：模仿的对象，总有你无法完全模仿的特点。去试试看，一定会失败的。而'失败是成功之母'的确是一句古老又十分准确的格言。"

伏尔泰说："当我第一次读一本好书的时候，我仿佛找到了一位好朋友。"读书既能驱除生活中的寂寞，又能解除生活中的忧虑，更让人喜悦的是，我们可以在书中找到自己的榜样，这些书中的人物一样会成为我们现实生活中的楷模，指引我们一直向前。

## 7．读一本好书，就是在和伟人交谈

你可从班尼特《怎样把一天二十四小时充分利用起来》一书开始谈起。如同洗冷水浴一般，这本书会对你有很大刺激。它会告诉你许多你有兴趣的事——它给你展示，每天你浪费的时间有多少，又该如何制止这样的浪费，如何用你节省的时间。此书只有103页，能于一周内轻松读完。从书上每天撕下20页，装在口袋里。之后缩短每天早晨的看报时间为十分钟，而非一看就是习惯性的二三十分钟。

杰弗逊总统曾说："我已改掉了阅读报纸的习惯，变成读古罗马的历史学家泰西塔斯与古希腊的历史学家修西底斯的作品，我感到自己变得快乐了很多。"要是你学一下杰弗逊，至少缩短一半的读报时间，几星期后你就会发现你比从前更加快乐、聪明，相信吗？难道你不愿试一下，用节省的时间去读一本更有价值的好书？你在等送餐、约会、电梯、公交车时，为何不拿出你随身带的20页书看一下呢？

读完这20页之后，你把它们放回书中，再撕下另外20页。看完全书后，用一根橡皮筋把封面套住，以免松散的书页到处散落。用这样的方法读本书，不比把书原封不动放在书架上好得多吗？

读完上本之后，可能你会对这本书作者的另本书有兴趣，看看《人类机器》。这本书能让你与人打交道时更得心应手，帮你形成镇静与泰然自若这样的优点。推荐以上这些书，不只是由于它们的内容，也由于其表达方式，它们一定可以增加、改善你的词汇。

此外再介绍一些十分有益的书：美国有史以来最好的两本小说：佛兰克·诺里斯的《章鱼》与《桃核》。《章鱼》写的是发生于加利福尼亚的暴乱和人类悲剧，《桃核》写的是芝加哥交易所的股票经纪人的斗争。汤玛斯·哈代的《黛丝》是最优美的一本小说。希里斯《人的社会价值》和威廉·詹姆斯教授写的《和老师们的一席谈话》，也是值得读的两本好书。拜伦的《哈洛德的心路历程》，著名法国作家摩路瓦的《小精灵，雪莱的一生》以及史蒂文生的《骑驴行》，这些也都应列进你的书单。

让爱默生每天伴随你。先去读一下他的那篇著名的评论《自恃》，使他在你耳边轻轻读出这些优美流畅的句子。

讲出在你内心深处隐藏的信念，它是世界性的。最内层的常常成了最外面的——我们最开始的思想经过最终的审判喇叭传回到我们身上。不局限于书籍与传统是密尔顿等人的最大功劳，他们不只讲出人们想说的，还说出了他们之所想。人人都应学会去捕捉其内心所闪现的光彩，没必要关注所谓的贤者与智者的启发。可是，人们却无意识地放弃自身思想，只因那是他自己的思想。在天才作品里，我们常常会发现我们抛弃了的思想：伴随遥远的高贵气势，那些理想又回到了我们眼前。伟大艺术作品所形成的教训不会比这更有影响了，它们的教育，以好脾气与坚决的态度自然地在我们头脑中出现，而不是如我们常做的一样，把我们内心深处的声音抛到一边。不然的话，明天就会有位陌生人用非常好的感性，把我们所想的全部讲出来。随时我们都在羞辱地被迫从他人那儿得到我们自己的想法。

最好的作者我们留到最后。他们是哪些人呢？有人请亨利·欧文爵士列出一份他认为最好的100本书的书单，他说道：在这100本好书中，我专心研读的只有其中两本——《圣经》与《莎士比亚》。亨利爵士讲得很有道理，你一定要到英国文学这两个伟大源头中去汲取，常常饮用，并且应尽量多饮。把晚报丢到一边，说："到这里来，莎士比亚，今天晚上与我谈一下罗密欧与他的朱丽叶，讲讲麦克与其野心。"

这么做会有什么样的结果呢？不知不觉中，慢慢地，然而这是一定的，你的措辞会变得优雅、流利，开始表现出这些精神伴侣的夺目、美丽和高贵气质。德国的大文豪歌德说道："跟我说一下，你讲了什么，我就能判断出你属于哪种人。"

以上我所建议的阅读计划，事实上不需要花多少意志，只需一点点节省的时间和每本书花五美元，买到普及版的爱默生论文集和莎士比亚剧全集。

马克·吐温是如何培养他灵巧、熟练地运用语言文字能力的呢？他年轻时，乘驿马车从密苏里州到内华达州旅行。旅途很漫长，很痛苦，同时还要带上给乘客与马匹吃的东西，甚至有时还要带饮用水。行李是按重量收费，超重有可能预示着安全和灾祸之间的距离。在这样的情况下，马克·吐温却随身携带一本完整、厚重的《韦氏大辞典》。这本大辞典伴随他翻山越岭，横穿沙漠，走过土匪与印第安人出没的旷野。他期盼自己可以变成文字主人，凭借独特勇气和常识，他努力做着为了实现目标而一定要做的工作。

比特与查特罕爵士都读过辞典两遍，包括每一页，每个词。白朗宁每天都翻辞典，从辞典中，为林肯写传记的尼可莱与海伊获得许多乐趣与启示，他们说，林肯经常"在黄昏阳光里坐着""翻着辞典，直到他连字都看不清了"。这些事例一点也不特殊。每一个杰出作家和演讲家都曾有同样的经验。

威尔逊总统的英文水平是非常高的。一些他的作品在文学史中也占有一定地位。他说使他学会运用语言文字的办法是：

"我父亲绝不允许家里任何人用不准确字句。任何一个孩子说错了话，必须马上改正，任何一个生词必须马上解释清楚。他鼓励我们每个人在日常谈话里应用生词，以便牢记它们。"

　　为此，我建议：从繁忙的生活中挤出一点点时间静心阅读，让读书为我们的生活增添一抹亮色，让经典浸润我们生长的灵魂。让书籍为我们打开一扇扇观看多彩世界的窗，让书籍向我们开启一道道了解伟大灵魂的门，让书籍带我们走上一条条温暖而充满幸福的路，或许从此，你的生活就会变得更加美好。

# 中篇

## 第五章
## 女人因自信而美丽

  自信是一种好的心态，也是一种成熟的心态，也是女人魅力的秘密所在。

  自信的女人不一定要有漂亮的脸蛋和迷人的身材，但一定有鹤立鸡群的气质；她的心像一颗饱满的种子，任凭外面风吹雨打，依然会在春天萌发出鲜嫩的芽；她的笑声和细语如冬日暖阳，即使在逆境也有破除坚冰的能量；自信的女人温柔高雅、从容、大度、冷静、透析，从不在世俗的旋涡中打转。自信的女人有一种不一样的吸引力，它让你拥有一种特有的气质，一种具有震慑力的向心引力。一个女人拥有自信，就会将所有的美丽集于一身。

  亲爱的女士们，不要再看轻自己，不要再在自己设置的桎梏里打转了，优雅地扬起你的头颅，积极地收集构成自信的元素，把自己的本色发挥得淋漓尽致，让生活中的每一天都充满灿烂阳光。

## 1. 自信的魅力是永恒的

美貌可以使女人骄傲一时，自信却可以让女人魅力一生。当你充满自信时，你会精神焕发，神采奕奕，即使是在遭遇困难和挫折的时候，你也能够用积极的心态去面对现实中的挫折和不幸。这样的女人才是最有魅力，最让人青睐的。

何谓自信，自信就是相信自己的智慧，相信自己的才干，相信只要自己努力，就一定做得不比任何人差。自信心，尤其是强烈的自信心，可使人受到激励而想出各种可行的方法，以及如何去做的各种技巧，同时也能使别人对你产生信心，赢得对你的好感。相信，实实在在地相信，就会使你有能力获得成功。

要想成功，首先就要做一个满怀自信的女人。自信的女人，家庭、事业、交际，都可以一帆风顺。偶尔出现的挫折打击，总能被她们轻巧化去。一举手一投足间，便可使事情朝着她们所希望的有利方向转变。

自信能使一副平庸的面孔变得光彩照人，相反，如果女人缺乏自信，再漂亮的脸蛋也会让人觉得缺乏生气。男人喜欢充满自信的女人，自信的女人对男人来说更有吸引力。女人对男人的吸引力更多地来自姿态和表情中流露出的自信，而不是性感的体型和惊艳的外表。

男人欣赏自信的女人，因为她让男人觉得她能对自己的行为负责，令男人很有安全感，可以放心与她交往下去。不自信的女人总是害怕失去男人，担心失去爱情，她们想一天24小时抓着男人不放手，但她们不知道的是男人则一般不喜欢整天被人黏着。自信的女人则会给男人自由，她们对自己的魅力很有把握，知道男人逃不脱自己的手掌心。

一次，我的一位结婚已经35年的朋友，她对我说："我丈夫从来没见过我不化妆的样子。每天，我都把闹钟的闹铃定在清晨4点，这样，当他睁开眼睛时，我已经打扮好了。"

生活中，确实有许多女人对自己的外貌、体重、头发、皮肤和模样等有着不切实际的主观期望。我想，女人们是不是应该放弃这种幻想？要知道，人只有在最有自信的时候才是最美丽的，这个道理人所共知，却又经常被忽略。当然这也并不是说，即便我们邋里邋遢的时候也认为自己是美女。

但，许多女性并不明白什么叫做自信，从开始到现在，她们一直认为娇情蛮横是由自信导致的。有的女性甚至认为，自信只不过是"飞扬跋扈"的比较温和的代名词而已。长久以来，她们在一种简单的态度下长大："我不想冒险，我害怕冒险"，"让别人来当领袖好了，我一定是个非常棒的追随者"，"女人太强悍是找不到丈夫的"，等等。这些想法让她们行动迟缓，个性也变得犹豫起来。因为她们很少自信地表达自己，所以，经常给别人留下一种无能、不善思考的"傻姑娘"的形象。

事实上，真正的自信可以与文雅、谦恭和善良同在，任何女人都可以自信而充满魅力。可以这么说，一个有魅力的女人一定也很自信。

自信，就是要清楚自己的立场，并善于表达自己的立场。

比如，如果你对她说："如果你能事先告诉我你会迟到，我就不用这么匆忙地往这里赶了。"一般来讲，那种人一听到这样的话，她的第一反应就是要反驳你。因为她能为自己的迟到找出许多很有道理的借口：比如很多"应该"做的事缠住了她，她是在做应该做的事，是不应该受到批评的。所以，尽管你的意见十分合理，但仅仅因为用了"你"这个词，就让她立刻处于一种自我保护的状态。如果你不想和她争论，最直接而简便的方法就是：把第二人称的"你"换成第一人称的"我"，这样，就能消解一切让人尴尬的对抗了。比如，你可以把刚才那句话换成："早知道的话就不用来这么早了，我还有时间去干洗店把我的西装取出来。"不必多说，也不必直接指责她，你已经清楚地让她知道了，你觉得时间都给浪费掉了。同时，这样讲也不会让她像听到之前那种说法时那么强烈地想为自己辩护。

你可以用小幽默来对付别人贬低你的状况。如果你和某人在一起讨论一份预算报告，在某一点上，你与她的观点不符，她傲慢地说："你不明白这一点。"对此，你可以笑着说："没错，其实我们不明白的事情有很多呢。"你用这种幽默的方式间接地提醒了她：她的态度过于傲慢。这个回答很高明，肯定会让她牢牢记住的。当然，也有一些自信的女性会直接把自己的感受告诉对方："刚才你说话太傲慢了。"

如果你感到尴尬，或是有人想利用你，你不要把自己的这种感觉搁置一旁，你要向别人说出你的感受。不过，你不要立刻说出你的感觉，可以先思考一下，然后再陈述。如果有人用明显责问或轻蔑的口吻问你："你怎么不说话呢？"你不要很冲动地说出你的感受，你可以说："我正在想你刚才所说的，我认为这个计划不是很合理，因为我将承担大部分工作。"你不用为自己的直言相告而感到歉意，毕竟你有表达自己意见的权利。

当然，真正的自信不会在短时间内建立起来。当缺乏自信的女人开始自信地行动时，也许她们会发现，自己挣扎在很久以前学到的、旧的、缺乏自信的行为方式中。当她们遇到一些场合需要她们清楚地表达自己的时候，她们的消极的想象会使她们的行动遇到很大的阻碍。她们经常会想："在这种场合下，如果需要我自信地表现自己，我说错了话该怎么办？别人会以为我笨得很，一点女人的样子都没有，那可太糟糕了，我不允许这种事情发生。"缺乏自信的女人一联想到这种灾难性的结局，就会理所应当地说服自己不要太自信。所以，女人要把那些对自己表现自信有阻碍作用的想法和态度彻底抛弃掉，要主动把这些态度变成积极的态度，真正帮助自己激发出积极的行为方式来。假如你在做每件事之前都这么鼓励自己，你就会更容易地走向果敢和自信。

努力想象自己的自信是可以由积极自信的行动培养出来的，假如你总是把目光放在自己失败的表现上，你就想象一些你表现得很成功的场景。当你想象自己变得更加自信之时，你的自我形象也会就此改变。你越认为自己是一个果敢而自信的女人，你就越有可能成为一个真正果敢自信的女人。

也许有的女性朋友会说："卡耐基先生，我怎样才能建立起自己的自信心呢？我也希望做一个有自信的女人，但是一直都做不到。"其实做一个有自信的女人并不是很难，秘诀就是接受自己，无论是优点还是缺点。

在现实生活中，很多女士总是太注意自己的缺点并盯着自己的缺点不放，最后这些缺点被无限放大，就慢慢失掉了自信心。所以，各位女士，你们应该完整地接受自己，无论是优点还是缺点。当你能够客观地对待自己的优点和缺点的时候，你就不会自卑了，也不会怀疑自己了。

自信是女人的内在美，无论何时，女人都要对自己充满信心，向着未来不断进取，相信你会有成功的一天。

## 2. 悦纳自己的不完美

完美是人人都想要达到的最高境界，在生活中，一个过度要求事事完美的人，就是心理学上所谓的"完美主义者"。刻意追求完美的女人常常要求凡事做到尽善尽美，也要求自己完美无瑕，制定了很多规则与标准来束缚自己，牵绊他人，所以无形中给自己的心理上压上一个沉重的包袱，结果自己和周围的人都很不开心。

从心理学来说，"完美主义"是对完美过分的一种极端追求。那种完善自我，健康地追求完美，并且在努力达到高标准过程中体验到快乐的人，不是完美主义者。心理学上所指的完美主义者是那些把个人的理想标准和道德标准都定得过高，不切合实际，而且带有明显的强迫倾向，要求自己去做不可能做到的那种人。

追求完美的女人往往不愿意接受自己或他人的弱点和不足，非常挑剔。比如，你让自己保持优雅的姿态、不俗的气质、温柔的谈吐，这就是为自己定了一个过高的理想标准，而且也带有强迫的特征；你会为一个自认为不优雅的姿态就紧张焦虑，这也并不是一个健康的追求完美的正常心态。

客观地说，每个人都是不完美的，每个人身上都有自己不愿意触碰的一面——消极面，亲人朋友不愿意接受，连我们自己也无法面对。于是，我们不惜代价、竭力伪装成人人喜欢的好人，活得很累。事实上，我们的每个缺点背后都隐藏着优点，每个阴暗面都对应着一个生命礼物：好出风头只是自信过度的表现；邋遢说明你内心自由；胆小能让你躲过风险；退让在双方发生激烈冲突的时候也是一种有效的方法。消极面也是生命的一部分，只有真心拥抱它，我们才能活出完整的生命。

这些人性中消极的特质并不会因为我们的否认而消失，只会在潜意识中隐匿起来，悄悄影响我们对自己的认同感。当我们偶然接触到自身消极面的时候，第一反应往往是想要逃避，想撇清与这些"消极"特质的关系。然而，恰恰是这些特质最需要我们关注，因为如果你接纳了它们，不再排斥它们，它们可以给我们带来最宝贵的收获。

不必羡慕别人的美丽花园，因为你也有自己的乐土。也许你的花园不如别人的漂亮名贵，但你的花园可能给人类提供许多观赏以外的价值，这便是别人的花园没有的优势。我想有朋友都读过一位挑水夫的寓言小故事吧。

一位挑水夫，有两个水桶，分别吊在扁担的两头，其中一个水桶有裂缝，另一个则完好无缺。在每趟长途的挑运之后，完好无缺的桶子，总是能将满满一桶水从溪边送到主人家中，但是有裂缝的桶子到达主人家时，却只剩下半桶水。

两年来，挑水夫就这样每天挑一桶半的水到主人家。当然，好桶子对自己能够送满整桶水感到很自豪。破桶子呢？对于自己的缺陷则非常羞愧，它为只能负起责任的一半，感到非常难过。

饱尝了两年失败的苦楚，破桶子终于忍不住，在小溪旁对挑水夫说："我很惭愧，必须向你道歉。""为什么呢？"挑水夫问道："你为什么觉得惭愧？""过去两年，因为水从我这边一路地漏，我只能送半桶水到你主人家，我的缺陷，使你做了全部的工作，却只收到一半的成果。"破桶子说。挑水夫替破桶子感到难过，他满有爱心地说："我们回到主人家的路上，我要你留意路旁盛开的花朵。"

果真，他们走在山坡上，破桶子眼前一亮，看到缤纷的花朵，开满路的一旁，沐浴在温暖的阳光之下，这景象使它开心了很多！但是，走到小路的尽头，它又难受了，因为一半的水又在路上漏掉了！破桶子再次向挑水夫道歉。挑水夫温和地说："你有没有注意到小路两旁，只有你的那一边有花，好桶子的那一边却没有开花呢？我明白你有缺陷，因此我善加利用，在你那边的路旁撒了花种，每次我从溪边回来，你就替我一路浇了花！两年来，这些美丽的花朵装饰了主人的餐桌。如果你不是这个样子，主人的桌上也没有这么好看的花朵了！"

这个小寓言告诉了我们，每个人都有自己存在的价值，你不必羡慕别人的生活比你快乐，也没有必要怨天尤人，更不能以偏概全，畏缩自卑。人本来就是不完美的，承认不完美，人就会敞开心扉，接纳自己的缺点和错误，最终得到心灵的自由；相反，追求完美，不断克服人性的缺点，人就会陷入烦恼、焦虑、自卑和痛苦之中。因为完美本来就是虚幻的、不真实的，所以，越是追求完美的人，他们的痛苦就越多越深。

泰戈尔曾说："世界上什么都不完美，蔷薇是带刺的花卉，高高在上的天使，我相信也不是没有过失。"其实，世界上没有一个人是完美的，但要认识到自己的不完美。不要抱怨自己的不完美，要善用这个缺点，让它变成最大的优点。

承认和接纳完整的自我,意味着平等对待自己的每一项特质,既不刻意彰显,也不刻意压抑。拥抱心灵的阴影,找回完整的自我,才能获得真正充实幸福的生活。

## 3. 在自省中认识自我

"认识自我"这句镌刻在古希腊戴尔菲城那座神庙里唯一的碑铭,犹如一把千年不熄的火炬,表达了人类与生俱来的内在要求和至高无上的思考命题。尼采曾说:"聪明的人只要能认识自己,便什么也不会失去。"人们常常是看到别人怎么美好和幸运,总希望那些美好和幸运能被自己所拥有,却很少想到完全可以通过努力来改变自己,使自己变得更加聪明、能干和美丽,再塑一个全新的自我。

在人生道路上,成功的女人无不经历过几番蜕变。女人的成长就是不断地蜕变,不断地进行自我认识和自我改造;对自己认识得越准确越深刻,取得成功的可能性就越大。蜕变的过程,也就是自我意识提高、自我觉醒和自我完善的过程。

在每个女人的精神世界里,都存在着矛盾的两面:善与恶,好与坏,创造性和破坏欲。你将成长为怎样的女人,外因当然起作用,但对你自身不断地反思,不断地在灵魂世界里进行自我扬弃,内省所起的作用是不能低估的。一个真正成熟的女人,应该在认识客观世界的同时,充分看透自己并会客观地给自己定位。

认识自我,是每个人自信的基础与依据。即使你处境不利,遇事不顺,但只要你的潜能和独特个性依然存在,你就可以坚信:我能行,我能成功。

我是谁，我从哪里来，又要到哪里去，我为什么要这么做，我为什么不高兴，这些问题从古希腊开始，人们就不断地问自己，然而至今都没有得出令人满意的结果。即便如此，人从来没有停止过对自我的追寻。

正因为如此，人常常迷失在自我当中，很容易受到周围信息的暗示，并把他人的言行作为自己行动的参照。认识自己，心理学上叫自我知觉，是一个人了解自己的过程。

自我省察是自我超越的根本前提。要超越现实水平上的自我，必须首先坦白诚实地面对自己，对自身的优缺点有个正确的认识。

但是，在日常生活中，人既不可能每时每刻去反省自己，也不可能总把自己放在局外人的地位来观察自己。正因为如此，人们往往可以影响和改变他们所了解的东西，当你想要认识自己、积极改变自己的时候，却变得很难。

怎样才能真正认识自己呢？我认为，与人的任何活动一样，自省也可以从为什么、怎么样、是什么和在哪里这四个基本问题上来进行分析。

◆ "为什么"

自我意识和自我监控的内容就是动机，所解决的任务是对是否参与进行决策，体现了个体内部资源的特征属性。

◆ "怎么样"

自我意识和监控的内容是方法、策略，所解决的任务是对方法、策略进行决策，体现了个体计划与设计的属性。

◆ "是什么"

自我意识和监控的内容是结果、目标，所解决的任务是对取得什么样的结果和达到什么样的目标进行决策，体现了个体自我觉察的特征属性。

◆ "在哪里"

自我意识和监控的内容是情境因素，所解决的问题是对情境中的物理因素（如时间、材料及其性质）和社会因素（如成人、同伴的帮助）进行决策和控制，体现了个体敏锐与多智的特征属性。

认识自我，是我们每个人自信的基础与依据。即使你处境不利，遇事不顺，但只要你赖以自信的巨大潜能和独特个性及优势依然存在，你就可以坚信：我能行，我能成功。

一个人在自己的生活经历中，在自己所处的社会境遇中，能否真正认识自我、肯定自我，如何塑造自我形象，如何把握自我发展，如何抉择积极或消极的自我意识，将在很大程度上影响或决定着一个人的前程与命运。换句话说，你可能渺小而平庸，也可能美好而杰出，这在很大程度上取决于你的自我意识究竟如何，取决于你是否能够拥有真正的自信。

请记住，认识自我，你就是一座金矿，你就一定能够在自己的人生中展现出应有的风采。每个人都有巨大的潜能，每个人都有自己独特的个性和长处，每个人都可以通过自省发挥自己的优点，通过不懈地努力去争取成功。

## 4．保持自己的本色

我有一封伊笛丝·阿雷德太太从北卡罗来纳州艾尔山寄来的信。"我从小就特别敏感而腼腆，"她在信上说，"我的身体一直太胖，而我的一张脸使我看起来比实际上还胖得多。我有一个很古板的母亲，她认为把衣服弄得漂亮是一件很愚蠢的事情。她总是对我说'宽衣好穿，窄衣易破'。而她总照这句话来帮我穿衣服。所以我从来不和其他的孩子一起做室外活动，甚至不上体育课。我非常害羞，觉得我跟其他人都'不一样'，完全不讨人喜欢。

"长大之后，我嫁给了一个比我年长好几岁的男人，可是我并没有改变。我丈夫一家人都很好，也充满了自信。他们就是我应该是而不是的那种人。我尽最大的努力要像他们一样，可是我办不到。他们为了使我开朗而做的每一件事情，都只是令我更退缩到我的壳里去。我变得紧张不安，躲开了所有的朋友，情形坏到甚至怕听到门铃响。我知道我是一个失败者，又怕我的丈夫会发现这一点。所以每次当我们出现在公共场合的时候，我都假装很开心，结果常常做得太过分，事后我会为这个而难过好几天。最后不开心到使我觉得再活下去也没有什么道理了，我开始想自杀。"

出了什么事才改变了这个不快乐的女人的生活？只是一句随口说出的话。

"一句随口说出的话，"阿雷德太太继续写道，"改变了我的整个生活。有一天，我的婆婆正在谈她怎么教育她的几个孩子，她说，'不管事情怎么样，我总会要求他们保持本色。'

"'保持本色'就是这句话！在那一刹那之间，我才发现我之所以那么苦恼，就是因为我一直在试着让自己适合于一个并不适合我的模式。

"在一夜之间我整个改变了。我开始保持本色。我试着研究我自己的个性，试着找出我究竟是怎样的人。我研究我的优点，尽我所能去学色彩和服饰上的学问，尽量以能够适合我的方式去穿衣服。我主动地去交朋友，我参加了一个社团组织——开始是一个很小的社团——他们让我参加活动，把我吓坏了。可是我每一次发言，都能增加一点勇气。这事花了很长的一段时间，可是今天我所有的快乐，却是我从来没有想到可能得到的。在教养我自己的孩子时，我也总是把我从痛苦的经验中所学到的结果教给他们：'不管事情怎么样，总是保持本色。'"

"保持本色的问题，像历史一样古老，"詹姆斯·高登·季尔基博士说，"也像人生一样普遍。"不愿意保持本色，即是很多精神和心理问题的潜在原因。安吉罗·帕屈在幼儿教育方面曾写过13本书和数以千计的文章，他说："没有人比那些想做其他人，和除他自己以外其他东西的人，更痛苦的了。"

这种希望能做跟自己不一样的人的想法，在好莱坞尤其流行。山姆·伍德是好莱坞最知名的导演之一。他说在他启发一些年轻的演员时，所碰到的最头痛的问题就是这个：要让他们保持本色。他们都想做二流的拉娜·透纳，或者是三流的克拉克·盖博。"这一套观众已经受够了，"山姆·伍德说，"最安全的做法是：要尽快丢开那些装腔作势的人。"

最近我请教素凡石油公司的人事室主任保罗·包延登，来求职的人常犯的最大错误是什么。他应该知道的，因为他曾经和6万多个求职的人面谈过，还写过一本名为《谋职的6种方法》的书。他回答说："来求职的人所犯的最大错误就是没有保持本色。他们不以真面目示人，不能完全地坦诚，却给你一些他以为你想要的回答。"可是这个做法一点用也没有，因为没有人要伪君子，也从来没有人愿意收假钞票。

我知道有一位公共汽车驾驶员的女儿就是很辛苦才学到这个教训的。她想当歌星，但不幸的是她长得不好看，嘴巴太大，还长着龅牙。她第一次在新泽西的一家夜总会里公开演唱时，一直想用上唇遮住牙齿，她企图让自己看来显得高雅，结果却把自己弄得四不像，这样下去她就注定要失败了。

幸好当晚在座的一位男士认为她很有歌唱的天分，他很直率地对她说："我看了你的表演，看得出来你想掩饰什么，你觉得你的牙齿很难看？"那女孩听了觉得很难堪，不过那个人还是继续说下去，"龅牙又怎么样？那又不犯罪！不要试图去掩饰它，张开嘴就唱，你越不以为然，听众就会越爱你。再说，这些你现在引以为耻的龅牙，将来可能会带给你财富呢！"

凯丝·达莱接受了那人的建议，把龅牙的事抛诸脑后，从那次以后，她只把注意力集中在观众身上。她开怀尽情地演唱，后来成为电影及电台中走红的顶尖歌星，现在，别的歌星倒想来模仿她。

威廉·詹姆斯曾说过，一般人的心智能力使用率不超过10%，大部分人不太了解自己还有些什么才能。与我们应该取得的成就相比，其实我们只运用了身心资源的一小部分。人往往都活在自己所设的限制中，我们拥有各式各样的资源，却常常不能成功地运用它们。

保持你自己的本色，像欧文·柏林给已故的乔治·盖许文的忠告那样。当柏林和盖许文初次见面的时候，柏林已经大大有名，而盖许文还是一个刚出道的年轻作曲家,一个礼拜只赚35美金。柏林很欣赏盖许文的能力,就问盖许文要不要做他的秘书,薪水大概是他当时收入的三倍。"可是不要接受这个工作,"柏林忠告说,"如果你接受的话,你可能会变成一个二流的柏林,但如果你坚持继续保持你自己的本色,总有一天你会成为一个一流的盖许文。"

盖许文接受了这个警告,后来他慢慢地成为美国当时最重要的作曲家之一。

卓别林、威尔·罗吉斯、玛丽·玛格丽特·麦克布蕾、金·奥特雷,以及其他好几百万的人,都学过我在这一章里想要让各位明白的这一课,他们也学得很辛苦——就像我一样。

玛丽·玛格丽特·麦克布蕾刚刚进入广播界的时候,想做一个爱尔兰喜剧演员,结果失败了。后来她发挥了她的本色,做一个从密苏里州来的、很平凡的乡下女孩子,结果成为纽约最受欢迎的广播明星。

金·奥特雷刚出道的时候,想要改掉他得州的乡音,穿得像个城里的绅士,自称是纽约人,结果大家都在他背后笑话他。后来他开始弹五弦琴,唱他的西部歌曲,开始了他那了不起的演艺生涯,成为全世界在电影和广播两方面最有名的西部歌星。

你在这个世界上是个新东西,应该为这一点而庆幸,应该尽量利用大自然所赋予你的一切。

归根结底说起来,所有的艺术都带着一些自传体;你只能唱你自己的歌,你只能画你自己的画,你只能做一个由你的经验、你的环境和你的家庭所造成的你。不论好坏,你都得自己创造一个自己的小花园;不论好坏,你都得在生命的交响乐中,演奏你自己的小乐器。

下面是一位诗人——已故的道格拉斯·马罗区所说的:

如果你不能成为山顶的一株松,

就做一丛小树生长在山谷中,

但须是溪边最好的一小丛。

如果你不能成为一棵大树,

就做灌木一丛。

如果你不能成为一丛灌木，

就做一片绿草，

让公路上也有几分欢愉。

如果你不能成为一只麝香鹿，

就做一条鲈鱼，

但须做湖里最好的一条鱼。

我们不能都做船长，

我们得做海员。

## 5．工作让女人更有自信

　　心理学专家斯卡尔·鲁纳德曾经对两千名男士做过调查，问他们是否希望自己的妻子在结婚后做家庭主妇，以便让他们能够安心工作。结果，除了那些收入实在太少的男士，其他人都回答说"愿意"。接着，斯卡尔又问他们是否愿意娶一个在结婚前没有工作的女人，结果出乎意料，几乎所有的人都回答说"不会"。

　　这的确是一种奇怪的现象，为什么男人们都希望自己的妻子不去工作，然而却不愿意找一个没有工作的女朋友。我想，这也是很多女士心中的疑问。后来，斯卡尔又问那2000名男士为什么会有这种想法，结果很多人回答说："不工作的女人对于我们来说没有一点儿吸引力。因为她们不去工作，就代表她们依赖性很强，也就是说她们不能独立自主。"

　　对于一个男人来说，找一个不能独立自主的妻子是件很可怕的事情。坦白说，就连我也有这样的想法。桃乐丝在结婚以前就曾经做过秘书的工作，应该说她在工作上的出色表现也是吸引我的一个很重要的方面。就在我们结婚的前3个月，桃乐丝依然每天都在很努力地工作。我曾经问过她为什么要这么做，结果她说："我要在最后的时间好好享受工作的乐趣，毕竟做一个独立自主的女人是一件让人感到自豪的事情。"

是的，女士们，一个愿意独立自主的女人确实能够得到很多人的认可，其中包括同性，也包括异性。著名的人际关系学家康纳德·斯塔克在一本杂志上发表文章说："在当今美国的女性群体中，最有魅力的就是那些能够或是渴望独立自主的女人。一个独立自主的女人身上所显露出的那种坚强、勇敢、自信等气质要远比那些依赖性过强的女性身上的漂亮衣服和首饰更吸引人。当然，女人的独立自主主要体现在工作上。"

很多人，包括一些女士，都有这样的错误观点。他们认为女性是社会中的弱势群体，经不起现实的冲击。在外面拼搏是男人的事，而女人的主要任务则是好好打扮自己、修身养性，以便做个称职的妻子。美国汤姆斯投资公司财政顾问艾鲁斯夫人非常反感这种观点，她曾经在公开场合发表言论说："一个女人，不管她是什么学历，什么情况，都应该去参加工作。那些妄图将自己的终身幸福全都押在男人身上的女人一定会生活得很悲惨，因为那就代表着她们把自己的命运交给了别人。我一直都相信，只有工作的女人才最风光，也只有工作的女人才能掌握自己的命运。"

那么，艾鲁斯女士是否因为拥有这种"偏激"的想法而招来别人的厌恶呢？我曾经对她周围的人进行过采访，让他们评价一下艾鲁斯女士。

一位男士说："艾鲁斯女士大概是我见过的最有魅力的女人了，因为她身上有很多连男人都没有的东西。她从来没有想过放弃工作，更没想过将自己的命运交给男人掌握。坦白说，虽然这有些伤害男人的自尊，但却让我有一种特殊的感觉。那是一种充满崇敬的感觉，是对一个女人的勇敢和坚强的崇敬。"另一位只见过艾鲁斯女士一面的男士说："艾鲁斯身上有一种让人着迷的魅力，那是一种无法抗拒的魅力。这种魅力并不是仅仅一套职业装能体现的。事实上，我能从她的表情中看出，她对自己的工作充满了热情和兴趣。同时,她的那种精明强干也让所有的人都为之折服。"

曾经有一位"苦恼"的女士找到我,希望从我这里得到一些建议。那位女士告诉我,她现在已经进入两难的境界了。结婚前,她曾经在一家商店做出纳员。后来,为了让丈夫能够安心工作,结婚后她毅然辞去了那份工作。可是,最近家里出了一些变故,经济状况有些紧张,因此她想再次出去工作,可又怕自己的丈夫不同意。我问她是否已经试着和丈夫谈过了,她说没有。于是,我鼓励她去试一试,因为只有尝试过才知道能不能成功。

后来,那位女士终于鼓起勇气和丈夫说出了自己的想法。本来,她以为丈夫一定会责怪自己不顾家。没想到,丈夫却高兴地说:"亲爱的,太好了!其实我早就想和你说,只不过怕你不高兴,才没有说出来。"女士感到很奇怪,忙问这是为什么。丈夫回答说:"你知道,这个家庭是我们两个组建起来的,所以我们都有义务为它贡献自己的力量。以前,只是我一个人在外工作,有时候真的觉得很累,特别是最近一段时间,我更觉得有些力不从心。坦白说,我真的希望你能够帮我一把。现在,你主动提出愿意替我分担一部分负担,这无疑会让我轻松许多。说真的,这几年主妇的生活让你变得有些颓废,远没有以前做出纳时那么迷人。我更喜欢工作时候的你,因为你是一个出色的职业女性。"

不知道女士们是否注意到,那位女士的丈夫用到了"颓废"这个词。我想,对于那些已婚而且做主妇多年的人,对这个词的理解可能会更加深刻。我的培训班上曾经有这样一位女学员,她已经连续做了10年的家庭主妇。她对我说:"卡耐基先生,我真的觉得自己如今和一个傻子差不多。现在,我每天的生活就是起床、准备早点、打扫房间、去市场购物、准备午饭、洗衣服、准备晚饭、收拾房间,然后睡觉。是的,每天都重复着单调的生活。现在,我获得信息唯一的途径就是看电视。以前,我也是个追赶时尚的人,而且思想也能够跟得上时代的潮流。然而现在,10年的主妇生活已经将我和外界彻底隔绝了。我不知道外面在流行什么,也不知道如今的时尚是什么。

"我终日想的就是如何给丈夫准备一顿丰盛的晚餐，好让他在回家以后不会发脾气。我现在和他几乎没有共同话题，因为在外工作的他总是能接触到很多新鲜事物，而我的脑子里却依然保留着婚前的记忆。坦白说，如今的我已经没有什么魅力可言，因为我已经变成一个没有思想的机器了。"

虽然这位女士如此"颓废"是有其自身的原因，但是不可否认，一个终日在家"工作"的人是无法在第一时间捕捉到潮流的，而且由于生活过于单调，很多人还会患上一些很可怕的"疾病"。

一位专栏作家曾经风趣地说："一个连续做了5年家庭主妇的女人会变得唠叨；一个连续做了10年家庭主妇的女人会变得很唠叨；一个连续做了20年家庭主妇的女人可能变得非常唠叨。然而，这种情况在那些有工作的女人身上却很少发生。"

女士们，我想你们现在一定明白了工作对你们的重要性，所以我知道你们现在一定下定决心要给自己找一份工作。不过，女士们应该清楚，并不是说只要你们工作了就可以让你们充满魅力。相反，如果你们仅仅是为了工作而去工作的话，那么就依然与魅力无缘。

女士们，虽然我强调工作着的女人最有魅力，但这并不代表我是在说："只要是有工作的女人就有魅力。"事实上，只有那些把热情、活力、激情注入到工作中的，并且把工作当成一项事业来经营的女士才能称得上是真正的有魅力。因此，如果女士们确信自己能够做到这一点，那就按照自己的想法去做。相反，如果女士们只是为了谋生、打发时间甚至是在看完这本书后想让自己有魅力，那么我认为你们还是放弃，因为毕竟做一名合格的家庭主妇也是非常重要的。

当然，我在这里没有贬低家庭主妇的意思，事实上我一直强调一个好的妻子往往要甘愿放弃自己的乐趣而给男人提供帮助。如果你的丈夫真的需要你做一名家庭主妇，那么女士们不妨放弃这次让自己拥有魅力的机会，因为帮助你的丈夫取得事业上的成就才是最重要的。

## 6．永远挂一抹微笑在嘴角

女人的笑容往往具有强大的力量。一个真正懂得微笑的女人，总能轻松度过人生的风雨，迎来绚烂的彩虹。女人的笑容不止"回眸一笑百媚生"的魅力，背后往往还蕴藏了巨大的力量。这种力量不但能以温柔的方式化解人生际遇的各种坚冰，还能引导你直接到达光明的圣地，领略到生命的最美境界。

当我第一次参观卢浮宫时，我有幸见到了这座著名博物馆的镇馆之宝——达·芬奇的名作《蒙娜丽莎的微笑》。事实上，这幅画中达·芬奇所描绘的女子也确实很奇异，因为你无论从哪个角度来观察这幅画作，映入你眼帘的都是画中主人公温馨的微笑。事实上，这幅画真正让世人为之痴迷的也正是画中女子矜持的微笑，她的微笑太迷人了，以至于让很多学者都潜心研究蒙娜丽莎微笑的秘密。

微笑的力量真是太神奇了，简直是妙不可言。在我们的生活中，微笑也是女人的当家武器，微笑的女人是阳光的、自信的、成熟的、和善的、聪慧的、优雅的、快乐的、幸运的、幸福的……

微笑，特别是从女人的心底里发出的微笑，足可以让灰暗的天空焕发出亮丽的光彩，让平庸的世界创造出伟大的奇迹……

微笑着面对生活的女人最美，她用平静的眼光观察世界，她用平常的心情感受万物，她用冷静的思维思考问题。微笑的女人不但有着迷人的风采、美丽的心情，还能够永葆青春的气息。微笑还可以调节情绪，营造气氛。微笑的女人有着平和的心态，对男人不会有太多的苛求。她静静地享受男人的给予，默默地付出自己的真爱，用平常的心情感受万物。当有意外之喜时，她不会手舞足蹈；当有厄运降临时，她也不会惊慌失措。她有大家闺秀的风范，绝不会在男人面前撒泼耍赖。即使对男人不满意，她也不会歇斯底里，因为微笑的女人有一颗宽容之心，她不会动辄怨天尤人。

当然，微笑的女人也会经历生活中的磨难与曲折，但她们深深地知晓与其在抱怨和愤恨中生活，不如从容地弹奏生活的弦乐，不如让一缕微笑时刻挂在美丽的脸庞上。于是，她们选择了总是将一抹淡淡的微笑挂在脸上，让一种由内而外的魅力自然地绽放。

钢铁大王安德鲁·卡内基手下最得力的助手斯瓦伯曾经骄傲地和我说："我之所以能够成为全美薪水最高的人，主要是因为我有着迷人的魅力。我的人格、我的品德以及我与人相处的秘诀，这些都是我取得成功的原因。然而，我最迷人的地方还是那发自内心的微笑，我的微笑绝对价值100万美元。"

因此，女士们你们一定要记住，甜美的微笑是比任何花哨的言语都更具说服力的。作为一位女士，不管是不是外表迷人，只要你能够向别人微笑，那么你无疑就是向别人表示："知道吗？我非常非常喜欢你，是你给我带来了快乐，能够见到你使我非常高兴。"

生活不能缺少笑声。如果我们能够永远保持达观的笑容，不仅会有益健康，而且也会成为我们事业成功的巨大动力。笑对于女性尤其重要，适当场合的笑，能够展示自身的最佳品位。

在女人的生活中，每个人都能找出许多令人不快乐的理由：工作不顺心、夫妻闹矛盾、孩子不长进，甚至遭遇过爱情的幻灭、婚姻的瓦解、灭顶的灾祸……这些烦恼每每令我们痛不欲生。然而，痛定之后，不难发现，即使不快乐也于事无补，那何不微笑起来，积极地去应对。烦恼之事，你可以把它看得很重，入眉入心，如影随形，你也可以看得很轻，淡然一笑，轻轻放下。女人应该学会自救，悄悄舔去伤口的血痕，还自己、还生活一个灿烂的笑脸，让快乐成为生活的主流，去学习、去工作、去创造，前方总会有一个希望在等着我们去追求。

笑对人生是一种智慧。因为恬淡从容给了女人足够的时间去思考，能理智地面对突如其来的变故，所以，她们每每都能绝处逢生。因为微笑，给她们平添了社交魅力，轻言细语，却往往能够巧破千斤。

微笑是女人从内心深处盛开的一朵花。把这朵花送给别人，既悦人又悦己，世界将更和谐美丽。女人，快乐起来吧！不光要撑起半边天，还要在人生中画上一道道美丽的彩虹，让笑容绽放在你们的脸上，让微笑成为你们最美的表情。

# 第六章
## 培养温文尔雅的谈吐

　　一个人的谈吐，就像一张名片一样展示着自己，展示着自己的身份、修养和气质。谈吐能直接反映出一个人是博学多识还是孤陋寡闻，是接受过良好教育还是浅薄无知。

　　谈吐不俗是一种美，一种境界，它就是有这种魅力：不温不火，过不失，恰到好处地沁人心脾。优雅大方的谈吐比靓丽的容颜更能吸引别人的眼光。现代女性都十分重视自己的形象，大多把工夫花在了服装与美容上，却较少有人认识到，得体优美的谈吐，更能增添女性的魅力。所以，女人要想让自己变得优雅，作为有教养的女人一定要有良好的说话习惯，在言谈上修炼自己。

# 1. 管住自己的舌头

语言看似是一件微不足道的小事情，但却直接影响着你的形象，以及别人对你的态度。语言称得上是一个人的名片，一个语言优美的女性总是更受人欢迎。可以说，"优雅的语言是与人共处的金钥匙"，这是很容易做到的事情，也是最为珍贵的东西。

当我们遇到灾难或烦心的事儿，倘若我们还记着应与面前的事物保持一定距离，直至能够看清与之相联系的背景为止；倘若我们学会了"管住自己的舌头"，那么，我们也许就能避免说出许多具有破坏性的话。在生活的各个方面，倘若人们背着沉重的思想包袱，这对他们自己和其他人，都会产生致命的影响，因为这些思想问题所强调的是否定的而不是积极的方面。因此，重要的是我们要懂得，创造性的思想产生于不断寻找答案的过程之中。

大卫的父母离婚后，协议规定他和母亲一起生活。由于手头拮据，母子二人只好搬到另一个城市去。大卫于是也要到一所新的学校去上课，结交新的朋友。这种种变化叫他伤透了心。他开始对那些父母没有离婚的孩子感到反感，而且经常因为很小的缘故或无缘无故跟人打架。在这种痛苦的生活中，他养成了对人过分苛求的习惯。他几乎对谁都没有一句好话。

一天，有个对大卫的情况十分了解的同学走到他身边。"我父母也离婚啦。"他轻声地说，"我知道你心里难受。不过，你得抛弃你的怒气和痛苦。你跟别人过不去，这只能伤害你自己。要是你没法说点儿什么好话，那你最好什么也别说。"

由于痛苦，大卫最初的确很难接受这位同学的建议，但既然情况似乎变得越来越糟，他就对自己的谈吐变得比较谨慎了。他经常把马上就要冲口而出的话咽回去；若是在以前，他的这些伤害人、挖苦人的话简直是没遮没拦的。他开始意识到他从前对身边同学的关心是多么不够。随着理解的扩大，他开始明白，像他一样遭受家庭变故的不只他一个人，许多其他孩子也经历过令人难堪的家庭解体。大卫开始想办法去鼓励他们，帮助他们处理好自己的痛苦与茫然。到学期结束时，大卫的态度产生了180度的根本转变，并获得了那些当初由于他管不住自己的脾气而与他疏远了的同学的好感。

我们无论是谁，在家里、学校里或工作中，都可能经历过精神上受到压抑的情形。当事情进展不顺利时，我们就往往忍不住责怪别人，我们或许认为，找别人的错，能使我们对自己所处的状况觉得好受点儿。但也可能是这样想的：我不好过，你也别想好过。

在我们每个人都曾经历过的"沮丧"时刻里，如果我们不能对人说有益的好话，那我们最好还是什么也别说。破坏性的语言，往往会产生破坏性的结果。除了会给周围的人造成不必要的痛苦之外，从我们口中说出的那些消极性的话语往往只会使问题变得复杂起来。

在生活中遇到了难以应付的挑战，我们就可能认为，说些粗野和伤人的话是可以理解的。上文提到的那个父母离了婚的孩子，受着许许多多他无法理解、无法解决的感情和情绪的折磨。但他终于还是发现，贬低和伤害他人并不是解决问题的办法。通过客气和富于理解的言辞，或干脆怀着同情听别人说话，他终于学会了帮助他人；反过来，他又受到了周遭人们的帮助，而他终于在自己身上找回了生活的勇气。

有句久经时间考验的名言："你如果没有好话可说，那就什么也别说。"这实在是你在一天之中该说些什么话的座右铭。倘若你出于某种原因而感到沮丧，如有必要，可以找朋友或师长谈谈。每个人都有不顺心的时候。当你感到情绪有些不对头时，千万别发作，以免伤害别人，因为别人也同样需要听到些表示理解和支持的话。对自己要说出的话，要时刻保持警惕。要记住，不愉快的时刻迟早会过去，如果我们的舌头没有闯祸，就不会留下需要医治的创伤。

用破坏性的语言贬低和伤害他人并不是解决问题的办法。

人们常常把到处传播小道消息、爱扯闲话、搬弄是非的女人称为长舌妇。她们对一点小事就当大事宣传，令人们极为反感。

研究人员通过对3000名女性开展调查后发现，大约40%的受调查者不论消息有多私人或机密，都无法克制住透露给他人的冲动。超过半数的受调查者承认，自己酒后会忍不住说长道短。

研究还发现，女性平均每周会听到三条小道消息，转而传播给他人。大约三成受调查者有泄密的欲望，近半数泄密者仅仅是为了"一吐为快"。

现实生活中，因随意议论他人的是非，而引起风波的事例比比皆是。无原则地乱说，捕风捉影的小道消息，甚至恶意的中伤，不但给当事人带来了极大的伤害，传播者也因产生的不良后果，时时受到良心上的谴责，甚至也给自己的人际交往带来种种的困惑和障碍。

尽管如此，还总有那么一些女人，闲着无事，热衷于四处打听别人的隐私，或捕风捉影，或添油加醋，到处搬弄是非，唯恐天下不乱。

其实，语言看似是一件微不足道的小事情，却直接影响着你的形象，以及别人对你的态度。语言称得上是一个人的名片，一个语言优美的女性总是更受人欢迎。可以说，"优雅的语言是与人共处的金钥匙"，这是很容易做到的事情，也是最为珍贵的东西。

女人喜欢说女人，是因为天生的敌对关系，哪个女人的男人怎么了，哪个女人自己怎么了，哪个女人的衣服没有品位，哪个女人的孩子长得丑，哪个女人跟上司好了等，是最常见的话题，这样的话题经过传播提炼变形，就成了一个小道消息。而于男人，女人当然也会议论多多，但终究有限，毕竟，她们对男人未必如对同性那般了解，性别的差异性让她们没有足够的理由拿小道消息去贬损男人，男人在她们眼里再怎么糟糕也是强大的。

许多矛盾的产生也往往源于是非的搬弄。许多事情本无大碍，却由于是非者的搬弄，变得扑朔迷离，沸沸扬扬，满城风雨，给人世间平添许多痛苦和烦恼。

我一向欣赏不轻浮、不庸俗、举止之间体现有内涵、有魅力的那种女子，言谈中透露出一种尊贵和贤淑。而人与人之间的关系，重要的是相互尊重，男人要绅士，女人要优雅。知书方达理，温柔才贤惠。

做一个优雅女人，千万不可做长舌妇。况且，有句话说得好：当你的一个手指指向别人的同时，也有三个手指指向了自己。女人在闲谈的过程当中，说话讲求分寸、讲礼节，用语雅致，谈话内容积极等，这些都是你有教养的体现。

## 2. 驾驭自己的声音

女人的声音仿佛是能够穿过男人灵魂的旋律，男人也总会在自己最隐秘的思绪中细细咀嚼女人的声音。一个音色柔美动听的女性，往往会更容易被她周围的人所接受，即使她的思想幼稚，别人也会说那是单纯。相反，如果一个女性的声音难听，尽管她很有头脑，也会很难让人有好感。

心理学研究表明，一个人对外界事物的感知和印象，80％靠视觉，其余的20％中有14％靠听觉。可见听觉在人的印象中的重要性，这还是在面对面交流的情况下。在现代社会中，在电话中处理公务，和朋友谈心甚至与分居两地的爱人在电话中缠绵已经是很普遍的事情，这里女人甜美的声音更显重要了。

美丽的声音有一种直达人心的魅力，优雅的女人应该懂得驾驭自己的声音。如果一个女人的谈吐既有知识、智慧，又能用丰富的表情和优美的声音来表达，那将会达到意想不到的效果。

不幸的是，大多数人会随着年龄的增长失去幼时的纯真和自然，在不知不觉中落入一定的、为我们所习惯的沟通模式中去。这样就使得我们的说话越来越没有生气，并且不再抑扬顿挫地提高或放低声音。总之，我们正在逐渐失去我们真正交谈时的那种鲜活和自然——我们失去了那个独特、富有个性的自我。

对于迫切想要学会说话技巧的人来说，首先要学会塑造自己的讲话风格，你最好注意一下自己的音量及音调的变化和说话速度——这是非常具有实用价值的。你可以通过这样的方法照做：把你说的话录下来，也可以请朋友给你指出来，当然，如果能让专家来给你指导的话则会更好。

其次，你要选择好自己的说话声音——这完全取决于你的个性、场合以及你所要表达的感情。通常情况下，你的发音要做到清脆而洪亮。说话清晰才显得有自信心、目的性明确和善于表达，这会给对方泰然自若的感觉。在公众场合，如果别人的谈话正处在争论不休的阶段，你站起来说一句话，语句简短、声音洪亮，则会产生震撼人心的作用。

如何控制你说话的音量呢？你讲话时的声音能够让大家都听到吗——我指的是你的声音足够大而且清晰。如果你所处的场合是三两个人的促膝而谈，那么在这种谈话中你可能比较容易做到这一点。事实上，如果此时你的音量过大的话，反而会使人以为你在跟人争吵。但是，如果你面对的是成百上千个听众，比如站在广场上发表演讲时，你则应该尽量让更多的人听到。因为如果他们没有听到的话，他们就会忽略你所说的内容，而不是提醒你大声讲或者重新讲述。因此，你要根据情况的不同调整你的音量。

注意重音的变化会使你所要表达的意思发生不同的变化。当你需要强调某一个重点的时候，你可以适当地提高音量。在某个重要的地方提高音量，可以引起大家的注意。当然，有的时候适当地降低音量也能使你达到这个目的。你要记住这一点：在任何情况下，音量的变化都可以使你突出重点。

此外，声音的变化可以富有变化和层次感，声音的高低会影响到听者的情绪。如果你一直采用高音来说话，有谁愿意听这样尖锐的声音呢？而且，当你普遍地使用高音的时候，你的声音会显得过于单调。因此，你必须在音高上有所变化，这样能够使你的声音悦耳而且更有活力。与调节音量一样，当你要阐明某个观点时，变音也会使你更加积极地传达信息。你可以采取略高或略低的声音来表示你对某个观点的重视程度。

我们平时与人交谈时，声音会高低起伏不断变化，就像大海不断起伏一样。为什么会这样呢？没有人知道，也没有人关心这个问题。但是，这种方式显然能使人感到愉快，而且它也是一种很自然的方式。然而，当我们开始某种正式的讲话时，我们的声音却变得枯燥、平淡而单调，就像一片沙漠一样。当你发现自己出现以上的状况时，就要停下来反省了。

对于说话和声音的掌控，我们需要避免下面几种错误的方式。

第一，你必须使对方感觉到，你对你所讲的内容是非常自信的。当你的声音颤抖或者犹豫的时候，对方会以为你对所说的没有把握。如果连你自己都对你所说的没有把握的话，怎么要求对方对它产生兴趣呢？

第二，不要使你的话听起来像是在自言自语。声音过低或者不清晰，听起来同样让人觉得你不确定。你可能本来就不打算让对方听到你的这些话，但是他们模糊地听到了，却不知道你讲的是什么，他们就会产生怀疑，甚至猜测你正在说一些对他们不利的东西。

第三，如果你的牙齿紧紧靠合，或者更加糟糕些，你的双唇像腹语者一样紧闭不动，那么毫无疑问，你正在用鼻音说话。用鼻音说话导致的最大问题就是发音含糊不清。这样对方会以为你在抱怨，而你则会显得病恹恹的，而毫无生气，非常消极。

第四，如果你的声音像飞机降落时候的制动声，对方会感到你十分可厌，因此不去听你讲话。过高的声音会使你的讲话具有攻击性，他们会以为你正处在一种压倒、胁迫他们的立场，而这是他们所不愿意的。所以当你喊着要大家听你的话的时候，没有人会愿意听从你的意见。

第五，你可能会造成这样的情况：当到了一句话的结尾或者关键的地方，你的声音慢慢地低下去，最后就没有了。这样会使句子听起来不完整。你要相信，对方不会愿意去猜测你后面到底讲了什么东西。

第六，要想声音娓娓动听，最好不要夹杂地方口音。当然，如果你确实要用的话，你必须运用某种方法进行强调，而不要让人们以为你的发音不标准。

第七，无论你的意图如何，它最终都是通过声音来表达的。因此，如果你的声音里含有傲慢、蔑视或者其他消极的情感因素的话，你就会伤害听你讲话的人，或给别人不受尊重的感觉。

## 3. 说话要保留几分

世上有三件是收不回来的：说出的话，冲力已尽的箭，失去的机会。因此，在每天的生活中，管好自己的言语显得非常重要。许多人有一个共同的毛病，即在不必要的场合中，把自己所拥有的一切话题，像竹筒倒豆子一样噼里啪啦全倒出来，常常让对方弄得不知所措，甚至有些目瞪口呆。本来你是一片赤诚之心，但谁料想一句不分青红皂白的话可能就会犯了对方的禁忌而弄巧成拙。这种现象，不论是偶然的邂逅还是在正式的交际场合，都是要避讳的。你也许会想，我光明磊落，心无城府，无事不可对人言，干吗说话要遮遮掩掩啊？

英国思想家培根说过："交谈时的含蓄与得体，比口若悬河更可贵。"做人固然要正直、直率，但并不意味着说话也可以直言不讳。太过于唐突的直言，有时就是一种消极、否定的语言暗示，不仅使人抵触反感，还会让人顾虑重重，甚至增加心理压力。

比如，医生给人看病，遇到病情较严重而又诊治不及时的病人，就直言道："你怎么这么瘦哇！脸色也很难看！""你知道你的病已经到了什么地步了吗？""哎呀！你是怎么搞的？你这个病为什么不早点来看哪！"这些说法里所包含的消极暗示会使病人怎么想呢？作为医生这是治病还是"致"病呢？相反，若医生说："幸好你及时来看病，只要你按时吃药，多注意休息，放下思想包袱，相信你很快就会好起来的。"这将给病人很大的鼓舞。所以，在言谈中，有驾驭语言功力的人，就会自如地运用多种委婉的表达方式。

可见，说话太诚实了不行，而尽说好话奉承的也不行。话说一半，点到为止，才是恰到好处，是真正的大智大愚。

戴高乐将军曾经说过："真正的领袖人物要幽居，伟大和超脱，要神秘，有时就需要沉默寡言。"在交际中，不应该问对方"你是做哪一行的"，要留给别人一点自由空间，这样我们才能显示出我们的风范和得体的礼仪。

俗话说"祸从口出"，是是非非的人情世故，大多都演绎在说话当中。在这个世界上，每个人都有弱点和缺点，但是这些弱点和缺点，一旦从他人嘴里出来，就成了短处和隐私。这是人际交往中的一个大忌。聪明者说话懂得点到为止，给他人更大的想象空间。

人们之间的关系是非常复杂的，局外人一般很难知道真相，即使知道一些皮毛，也不一定可靠，况且另外还有许多隐衷非外人所知。因此，对于任何问题，我们都不能凭主观猜测乱说，更不能只由于片面的观察就在背后批评别人。这样只会给自己惹来麻烦，会被人认为是道德上有问题。

话说"守口如瓶，防意如城"，就是告诉我们说话要谨慎。让人们缄口不言是做不到的，唯有小心谨慎而已。这是对自己的安全的一种保护措施。

在日常生活中，总有一些人唯恐天下不乱，每天都在兴风作浪，把人际间的是是非非编排得有声有色，夸大其词地逢人便说，不清楚由此种下了多少怨恨的种子。

倘若遇到这些人说其他人的短处时,我们唯一要做的就是听了就忘,像别人告诉我们的秘密一样,三缄其口,不可做传声筒,并且也不深信片面之词,更不必记在心上。倘若在听到片面之言后贸然宣扬出去,十有八九被认为是颠倒是非,混淆黑白。说出的话如泼出去的水,收不回来。当明白自己说错话时,已经为时晚矣了。

任何人都有自己的秘密,倘若你凭一时冲动找人去倾诉。这样做的结果,很可能就是把秘密泄露出去,进而自取其辱,自找倒霉。社会是复杂的,我们"抛出一片心",说不定恰巧入了别人的陷阱。因此,说三分话并不是狡猾和不诚实,而是一种修养。我们说话必须看对方是什么人,倘若对方不是可以尽言的人,我们就只能说三分话。

淡定的女人都明白一个道理:独处看不破,忽处看不破,劳倦时看不破,急遽仓促时看不破,惊扰骤感时看不破,重大独当时看不破。人际关系在运行时,多少有点保留,总比什么都照直说好。大多数人爱听好话,再好的感情,若是句句话听来都不顺耳,交情自然而然消退,代之以讨厌。所以,看到一些看来交情很好的人,在言语之间,总以伤害对方为乐,不免摇头,那不是友情之道,迟早会因为这种行为,而使友情褪色。

人的感情,相当脆弱,看来感情很牢固,有时因为一两句话,可以破坏一二十年的交往。但是每说一句话都要战战兢兢,做人未免太痛苦,"逢人说话保留几分"的原则,却应该遵守。

## 4. 不要以言语中伤他人

远远地站在人群的旁边,嘴角边总是挂着不屑的笑容来看着红尘俗事,然后用最简明也最刻薄的话来描述所发生过的一切。这样的女人是不是会让人产生距离,感到阴冷。

如果你对人家说出一两句刻薄的话,你会有一种发泄的快感。但对方呢?他会分享你的痛快吗?你那火药味的口气,敌视的态度,能使对方更容易赞同你吗?

"如果你握紧一双拳头来见我,"威尔逊总统说,"我想,我可以保证,我的拳头会握得比你的更紧。但是如果你来找我说:'我们坐下,好好商量,看看彼此意见相异的原因是什么。'我们就会发觉,彼此的距离并不那么大,相异的观点并不多,而且看法一致的观点反而居多。你也会发觉,只要我们有彼此沟通的耐心、诚意和愿望,我们就能沟通。"

工程师史德伯希望他的房租能够减低,但他知道房东很难缠。"我写了一封信给他,"史德伯在讲习班上说,"通知他,合约期一满,我立刻就要搬出去。

"事实上,我不想搬,如果租金能减低,我愿意继续住下去,但看来并不可能,因为其他的房客都试过——失败了。大家都对我说,房东很难打交道。但是,我对自己说,现在我正在学习为人处世这一课,不妨试试,看看是否有效。

"他一接到我的信,就同秘书来找我。我在门口欢迎他,充满善意和热忱。开始我并没有谈论房租太高,只是强调我多么地喜欢他的房子。我真是'诚于嘉许,惠于称赞'。我称赞他管理有道,表示我很愿再住一年,可是房租实在负担不起。他显然是从未见过一个房客对他如此热情,他简直不知道该怎么办才好。

"然后,他开始诉苦,抱怨房客,其中一位给他写过14封信,太侮辱他了。另一位威胁要退租,如果不能制止楼上那位房客打鼾的话。'有你这种满意的房客,多令人轻松啊!'他赞许道。接着,甚至在我还没有提出要求之前,他就主动要减收我一点租金。我想要再少一点,就说出了我能负担的数字,他一句也不说就同意了。

"当他离开时,又转身问我:'有没有什么要为你装修的地方呢?'如果我用的是其他房客的方式要求减低房租的话，我相信，一定会碰到同样的阻碍。使我达到目的的是友善、同情、称赞的方法。"

　　再举一个例子。这次是一位女士——一位社交界的名人——戴尔夫人，来自长岛的花园城。戴尔夫人说："最近，我请了少数几个朋友吃午饭，这种场合对我来说很重要。当然，我希望宾主尽欢。我的总招待艾米，一向是我的得力助手，但这一次却让我失望。午宴很失败，到处看不到艾米，他只派个侍者来招待我们。这位侍者对第一流的服务一点概念也没有。每次上菜，他都是最后才端给我的主客。有一次，他竟在很大的盘子里上了一道极小的芹菜，肉没有炖烂，马铃薯油腻腻的，糟透了。我简直气死了，我尽力从头到尾强颜欢笑，但不断对自己说：等我见到艾米再说吧，我一定要好好给他一点颜色看看。

　　"这顿午餐是在星期三。第二天晚上，听了为人处世的一课，我才发觉：即使我教训了艾米一顿也无济于事。他会变得不高兴，跟我作对，反而会使我失去他的帮助。

　　"我试着从他的立场来看这件事：菜不是他买的，也不是他烧的，他的一些手下太笨，他也没有办法。也许我的要求太严厉，火气太大。所以我不但准备不苛责他，反而决定以一种友善的方式作开场白，以夸奖来开导他。这个方法效验如神。

　　"第三天，我见到了艾米，他带着防卫的神色，严阵以待准备争吵。我说：'听我说，艾米，我要你知道，当我宴客的时候，你若能在场，那对我有多重要！你是纽约最好的招待。当然，我很谅解，菜不是你买的，也不是你烧的。星期三发生的事你也没有办法控制。'我说完这些，艾米的神情开始松弛了。

　　"艾米微笑地说：'的确，夫人，问题出在厨房，不是我的错。'我继续说道：'艾米，我又安排了其他的宴会，我需要你的建议。你是否认为我们再给厨房一次机会呢？''呵，当然，夫人，当然，上次的情形不会再发生了！'

　　"下一个星期，我再度邀人午宴。艾米和我一起计划菜单，他主动提出把服务费减收一半。

"当我和宾客到达的时候,餐桌上被两打美国玫瑰装扮得多彩多姿,艾米亲自在场照应。即使我款待玛莉皇后,服务也不能比那次更周到。食物精美滚热,服务完美无缺,饭菜由四位侍者端上来,而不是一位,最后,艾米亲自端上可口的甜美点心作为结束。

"散席的时候,我的主客问我:'你对招待施了什么法术?我从来没见过这么周到的服务。'她说对了。我对艾米施行了友善和诚意的法术。"

伊索是希腊王克里萨斯宫中的一名奴隶,在公元前600年,讲述了一些不朽的寓言。但他所讲的有关人性的真理适用于波士顿,正如25世纪前适用于雅典。太阳能比风更快使你脱下大衣;仁厚、友善的方式比任何暴力更易于改变别人的心意。

别忘了林肯所说的:"一滴蜜比一加仑胆汁,能捕到更多的苍蝇。"

## 5. 争辩之下没有赢家

才智是值得敬佩的,但才智并不意味着"好胜"、"好辩"。那些有修养、成熟的女人,绝不肯跟人计较一事之短长,更不会跟人争论不休,因为她们知道争辩之下无赢家。

之所以说争论中不会产生赢家,是因为几乎所有的争论只会让争论的双方更坚持自己的观点,哪怕有一方似乎表面上占了上风,实际上也没有取得最后的胜利。

第二次世界大战刚结束时,我在伦敦上了这样一课,使我终生受益。当时,我是罗斯·史密斯爵士的经纪人。在战争期间,史密斯爵士是澳大利亚空军的一位飞行员,他的工作地点就在巴勒斯坦。欧洲战场停战不久，史密斯爵士在一个月内飞行了半个世界，这在世界引起了很大的轰动，在此之前从来没有人完成这样的壮举。所以一时间他成为英国的焦点人物，不但澳大利亚给予他5000美元的奖励，英国女王也授予他爵士爵位。

那天晚上，我去参加为史密斯爵士举行的宴会。在宴会中，我右边的男士讲了个笑话。在这个笑话里，他从别处引用了一句话，他说这句话出自《圣经》。恰好，我对这句话很熟悉，自身当然产生一种优越感，于是我用居高临下的语气对他说，这句话是出自莎士比亚的作品。他则坚持认为，这句话不可能出自莎士比亚之口，一定来自《圣经》。我们就这样争论起来。

好在坐在我左边的是我一个老朋友法兰克·盖蒙，他对莎士比亚的作品非常了解。于是我就和那人一起请教盖蒙。盖蒙搞清楚了事情的来龙去脉，然后悄悄碰了碰我说，是你搞错了，他是正确的，这句话确实是出自《圣经》。

宴会结束后，我跟盖蒙一起回去，我就问他为什么要那样说，因为他知道那句话明明出自莎士比亚的作品。他说："当然，就是出自《哈姆雷特》的第二场。但是，亲爱的戴尔，我俩都是赴宴的客人，为什么一定要指出他的错误呢？为什么要他感到丢脸呢？这样做对你有什么好处吗？况且他也没问这句话出自哪里，你为什么要和他顶着干呢？以后最好永远别和别人发生正面的冲突。"

盖蒙早已经去世，但"永远别和别人发生正面的冲突"这句话已经深深烙在我的心里。

我真的从中受益很大。在这件事之前，我总是喜欢跟人抬杠，什么问题都争个面红耳赤。小的时候，是跟哥哥磨嘴皮子，大事小事争论不断；上大学时，我又选修了逻辑和辩论学，经常参加辩论赛；再后来，我又到了纽约，专门讲授演讲和辩论，甚至还准备写一本跟辩论有关的书。你看，我以前就是这样喜欢跟人争论。

我终于明白了这个道理。要想通过争论获胜，唯一的方法就是避免争论。避免辩论，就像避开毒蛇和地震一样。

一场辩论的终了，十次中有九次，那些辩论的人，会更坚持他们的见解，相信他们是绝对正确，不会错的。

你辩论不能获胜，因为你是真的失败了，可是你如果胜了，还是跟失败一样。为什么呢？假定你辩论胜了对方，把对方的意见，指责得体无完肤，几乎指责他是神经错乱，可是结果又怎么样呢？你自然很高兴，可是对方如何呢？你使他感觉到自卑，你伤了他的尊严，他对你获得胜利，心中感到不满。

你必须要知道，当人们逆着自己的意见，被人家说服时，他仍然会固执地坚持自己是对的。

巴恩互助人寿保险公司，为他们的职员定下一条规则，那就是"不要争辩"。

一个真正成功的推销员，他决不会跟顾客争辩，即使轻微的争辩，也加以避免………人类的思想，不是那么容易改变的。

现在有这样一个例子：数年前，有一个好争辩的爱尔兰人叫"奥哈尔"，来我讲习班听讲。他没有受过很好的教育，可是喜欢争辩、挑剔别人，他做过司机，后来是汽车公司推销员，由于他发现自己业务表现并不理想，才来找我的。我跟他说过话后，才知道他推销汽车时，常不愿接受顾客的批评而发生口角。他对我说："我听了不服气，教训那家伙几句，他就不买我的东西了。"

对于奥哈尔，我开始不是教他如何讲话，我训练他如何减少讲话，和避免跟人争论。现在奥哈尔已是纽约怀特汽车公司，一位成功的推销员了。奥哈尔是如何做的？他说出了自己的那一段经过：

"假如我现在走进人家的办公室，对方如果这样说：'什么？怀特汽车……那太不行了，就是送给我，我也不会要的。我打算买胡雪公司的卡车。'我听他这样说后，不但不反对，而且顺着他的口气说：老兄，你说得不错，胡雪的卡车确实不错。如果你买他们的，相信不会有错。胡雪牌汽车是大公司的产品，推销员也很能干。

"他听我这样说，就没有话可说了，要争论也无从争起。他说胡雪牌车子如何好，我毫不反对，他就不得不把话停住了………他总不会一直指着胡雪牌车子，说是如何好，如何好。这样，我就找到一个机会，向他介绍怀特牌车子的优点。

如果在过去我遇到这种情形，我会觉得冒火，我会指那胡雪牌汽车是如何的不好………我越说那家公司出品的汽车不好，可是对方越会指它如何好，争辩越是激烈，越使对方决心不买我的汽车。

现在回想起来，我真不知自己过去是如何推销货物的。由于这样的争论，不知使我失去了多少宝贵的时间和金钱。现在我学会了如何避免争论，如何少讲话，使我得到了许多的好处。"

就像聪明的老富兰克林常说的："如果你辩论、反驳，或许你会得到胜利，可是那胜利是短暂、空虚的……你永远得不到，对方给你的好感。"

你不妨替自己作这样的衡量……你想得到的是空虚的胜利，还是人们赋予你的好感？这两件事，很少能同时得到的。

波士顿一本杂志上，有次刊登出一首含意很深，而且有趣的诗："这里躺着威廉姆的身体，他死时认为自己是对的，死得其所，但他的死就像他的错误一样。"

你在进行辩论时或许你是对的，可是你要改变一个人的意志时，就是你对了，也跟不对一样。

玛度是威尔逊总统任内财政总长，他由从事多年政治经验中得到一个教训，他说："我们绝不可能用辩论使一个无知的人心服口服。"

玛度先生说得太温和了。据我的经验，不只是无知的人，任何人你都别想用辩论改变他的意志。

这里有这样一个例子：所得税顾问派逊，同政府一位税收稽查员，为了一笔九千元的账目发生问题，争论了一个小时。派逊指出这是一笔永远无法收回的呆账，所以不应该课征人家的所得税。那稽查员反对地说："呆账？我认为必须要缴税的。"

派逊在讲习班上说："跟这种冷厉，傲慢，固执的稽查员讲理，那等于是废话……跟他争辩愈久，他愈是固执，所以我决定避免跟他争论，换个话题，赞赏他几句。

我这样说："这问题在你来讲，是一件很小的事，由于你处理过很多这一类的问题……我虽然研究过税务，但都是从书上得来的知识，至于你所知道的，都是由实际经验中得来的。我羡慕你有这样一个职位，我跟你在一起，使我获益不少。

"我跟他讲的，句句都是实在话。那稽查员在座椅上挺了挺腰，就开始谈他的工作经验，讲了许多他所发现的舞弊案件。他的语气渐渐平和下来，接着又说到他孩子身上。临走的时候，他对我说，回去后再把这问题考虑一下，过几天给我答覆。

"三天后，他又来见我，他说那笔税按照税目办理，决定不征了。"

这位稽查员，显露出一种最常见到的人性的弱点，他需要的是一种自重感。

派逊跟他争辩，他就展示他该有的权威，来获得他希求的自重感。如果有人承认了他的重要性，这争论也就自然停止了。由于他"自我"已伸展扩大，就即变成一个和善、有同情心的人了。

拿破仑家里的管事，时常和约瑟芬打台球游戏。在他写的《拿破仑私生活回忆录》中，曾有写下这样一节："我知道自己球艺不错，不过我总设法让约瑟芬胜过我，这样会使她很高兴。"

我们要让顾客、爱人、丈夫或者是妻子，在细小的争论上，胜过我们。

误会不能用争论来解决，而需要用外交手腕，和赋予对方同情来解决。

有一次林肯申责一位与同事发生冲突的年轻军官。林肯说："一个成大事的人，不能处处计较别人，消耗自己的时间去和人家争论。无谓的争论，对自己性情上不但有所损害，且会失去自己的自制力。在尽可能的情形下，不妨对人谦让一点。与其跟一条狗走，不如让狗先走一步。如果被狗咬了一口，你即使把这条狗打死，也不能治好你的伤口。"

所以，第一项规则是：在辩论中，获得最大利益的唯一方法，就是避免辩论。

## 6. 幽默是化解尴尬的良药

有位哲人说:"世界上没有哪一位伟大的革命家、艺术家是没有幽默感的。"幽默不仅是一种优美的、健康的品质,而且还是一种修养、一门学问。幽默最能营造愉悦的氛围,通常能给人们带来欢笑。在这样的环境中,烦恼会烟消云散,痛苦会随风淡去,尴尬会彻底遗忘,使人有如沐春风的感觉。

有句谚语说:"笑是力量的亲兄弟。"而幽默的笑则是有趣的意味深长的笑,它能展示出一个人的知识修养和内在力量。淡定的女人基本上都能够克制自己的情绪波动,保持好自己的仪态。她们能不时地"幽一默",在给周围的人带来快乐和欢笑的同时,她们自己也能获得更多人的喜爱,甚至在一些尴尬的场合,她们也能够通过幽默将自身的良好素养充分地展示出来。

有一位光彩照人的女歌唱家,曲毕谢幕时,没有走出两步,便被麦克风的电线绊倒在地,华丽的服装、娇美的身躯与当时的狼狈形成了强烈的对比。当时,观众一片哗然。

然而,这位女歌唱家并没有慌张,她急中生智地站起来,拿起话筒说:"我真正为大家的热情倾倒了!"顿时,杂乱的声音被一阵阵的笑声和掌声代替了。

女歌唱家用这种得体的自嘲方法,挽回了自己的面子。在工作与生活中,有些女性因为过于害羞,一遇到尴尬之事,便不知如何是好,只懂得匆匆溜掉,有的甚至掩面而泣。其实,女性一旦因自己失误而处于尴尬的境地时,最聪明的办法应该是:多些调侃,少些掩饰;多些自嘲,少些自以为是；多些低姿态，少些趾高气扬。

当对方的话语有意无意地冒犯了你，使你处于尴尬境地时，借助自嘲摆脱窘迫，常常比反唇相讥更有效，有时对方也会有所察觉，因歉疚而设法转圜。

列宁说："幽默是一种优美的、健康的品质。"在适当的场合，以幽默的谈吐来增强交际的生动性和亲切感，已被看成是一个人的优点，很多国家把"有幽默感"作为评价人格好坏的标准之一，可见，幽默感对女性来说是何等重要。

有一位作家访问美国时，一名非常友好的华人携全家来访，双方相谈甚欢。突然，该作家发现客人的孩子穿着鞋子跳到了他洁白的床单上，这是非常令人不愉快的事，恰恰孩子的父母并没有发现这一点。如果作家采用任何表示不满的言辞或表情，都可能导致双方的尴尬。这位作家的幽默感在关键时候起了作用。他非常轻松愉快地对孩子的父母说："请把你们的孩子带到地球上来。"主客双方会心一笑，问题在十分融洽的气氛中得到了圆满的解决。

这位作家只玩了个花样把"地板"换成了"地球"，整个意味就大不相同。

多数女性在公开场合中都不太幽默，不是因为她们没有幽默感，也不是因为她们缺乏表达幽默的能力，而是因为她们有一种思维定式：女性在公共场合中要保持认真、严肃的工作作风和女性的矜持。你若过于严肃，别人往往不知该如何与你沟通，要迈开交流的第一步实在很难，因此容易与你保持距离。男性则擅长运用幽默的话语和表情来缓和紧张的气氛，让别人觉得他是如此亲切，因此别人也更易接受他的看法。真正的交流就没问题了。

许多人认为讲笑话是男性的专长，而女性天生就不会说笑话，因此，女性朋友们在听到笑话时，就尽量展开你的笑容，表示你正在享受他们带给你的幽默的乐趣。有时，即使你已听过这则笑话，也不要说穿，仍然展现你的灿烂笑容，给大家营造出轻松幽默的气氛。这是一种表示赞同与鼓励的方式。而你的赞同与鼓励一定可以获取男性的好感，使他们更加乐于接近你。

如果我们想在人际关系中给别人留下一个好印象，那么幽默明显就是一个最好的方法。如果你懂得并善用幽默，你将很容易被别人所接受。特别是当众人被你逗得开心地欢笑时，你会在众人的欢笑中更加看清你自己，从而对别人更加坦诚。于是，你就可以拥有温暖而和谐的友情，甚至你还可以和那些只见过一面的人成为很要好的朋友。而这就是幽默的力量。

轻松的心情面对生活，用幽默、自嘲的方法去化解问题才能使许多小小的烦忧消弭于无形之中，避免产生更大的忧虑。你用轻松幽默的方式为他人营造了一个温暖的氛围，这就向他们传达了那些小事完全没有必要放在心上，并让他人更加开心，也因此你也给别人留下了更加深刻的印象。

## 7. 以赞赏的口吻和对方交谈

很多人之所以出现交际的障碍就是因为他们不懂得或者忘记了一个重要的原则——让他人觉得自己重要。每个人都喜欢自我表现，夸大吹嘘自己，如果在事情办成后，首先表现出的是自己有多么劳苦功高，做出了多大的贡献。这样其实就在证明别人确实不太重要，无形之中就伤害了别人。

每个人都有值得称赞的地方，只要你发现他的这一点，那么他们对你的态度立刻就有了转变。有一次，我在纽约第33大街和第8大街交叉路口附近的邮局排队，准备寄一封挂号信。我注意到那位邮局工作人员好像对他的工作很不耐烦的样子，因为他成天称信、取邮票、找零钱、开收据……这样年复一年地做着单调而重复的工作。于是我对自己说："我一定要让他喜欢我。显然，要让他喜欢我，我必须说些让他感到高兴的话。不是关于我的，而是关于他的。"

我问自己："他有没有什么值得我真心赞美的地方呢？"

当你面对一个不熟悉的人时，这个问题可不好回答，但是这次却很凑巧，我很快就发现了他身上一个值得我赞美的地方。就在他给我称信的时候，我热情地对他说："我真的希望自己也能有您这样一头好头发。"

他抬起头来看着我，显然有些惊讶，但很快脸上就露出了欢欣的微笑。"不过现在没以前好了。"他很谦虚地说。我诚恳地对他说："虽然它比以前稍减光泽，但还是很好。我真的很羡慕您。"他显得非常高兴。于是我们愉快地谈了起来。最后，他对我说："有许多人都说我的头发好。"

我敢打赌，他那天吃午饭时心情一定非常愉快；那天晚上他回家后，一定会很高兴地把这件事告诉他的妻子；他甚至还会对着镜子自夸："我的头发实在太漂亮了。"

我并不是喜欢自我炫耀的人，但是我会用这些实例告诉别人——人际交往的原则。有一次，我在某个公共场所讲起了这件事。有一个人问我："你这样做，那你又从他那里获得了什么？"是的，我想从他那里获得什么呢？我又从他那里得到了什么呢？假如我们是如此的自私，一心只想得到回报，那么我们就不会给人任何快乐，不会给人任何真诚的赞美。假如我们的气度如此狭隘，那我们只会遭到应有的失败，而不会有任何成功和幸福。

不错，我确实是想从他那里得到某些东西，这是一些难以用金钱来衡量价值的东西，而我也的确得到了！你看，我赞美了他，让他得到了幸福的感觉，可是他对我却难以回报。这种感觉可是无价之宝。这件事情过去许久之后，你仍然可以在记忆中想起它，得到一种美妙的体验。

在人类行为中，有一条至为重要的法则，如果我们遵守它，就会万事如意，实际上，如果我们遵守这条法则，将会得到无数的朋友，获得无穷无尽的快乐。可是，如果我们违背这条原则，就会招致各种挫折。这条法则就是："永远尊重别人，使对方获得自重感。"

这正如杜威教授所说的："自重是人类天性中最强烈的冲动和欲望。"

也正如詹姆斯教授所说的："在人类天性中，最深层的欲望就是渴望得到别人的重视。"我也曾指出，这种冲动正是我们区别于动物的特征，正是这种欲望才推动了人类文明的发展。

千百年来，哲学家们一直在思考人类关系的准则，终于悟出一种观念。这个观念并不是什么新的东西，早在3000多年前的波斯、2000多年前的中国，先哲们就在传播这种观念，这就是中国先哲孔子所说的"己所不欲，勿施于人"。

你希望周围的人赞同你，希望自己的价值得到别人的认同，希望自己能得到别人的重视；你不愿听到不值钱的卑贱的谄媚，但渴求得到真诚的赞美。你希望你的朋友和同事都能像施科瓦所说的那样，"诚于嘉许，宽于称道"。我们大家都希望这样。那么，就让我们自己先遵守这条法则：你希望别人如何对待你，就如何去对待别人。

那么，你应该如何去做呢？答案是：随时随地实践，这样它就会给你带来神奇的功效。我曾向无线电商厦一位导路员打听舒维尔先生的办公室在哪里。这位导路员穿戴整齐，口齿十分清晰地说："舒维尔，（他稍作停顿）18层楼，（又稍作停顿）1816号房间。"他显然对自己回答问题的方式非常自豪，胸挺得笔直，头高高地抬着。

我走到电梯边上，很快又转了回来，对那位导路员说："你回答我的方法实在是太美妙了，为此我要真心感谢你，向你表示祝贺。你的回答非常清楚准确。你真像一位艺术家，太了不起了！"他听了我的话之后，精神焕发，显然高兴到了极点。他告诉我为什么他每次都稍作停顿，为什么每说一句话都会那么准确……你看，我短短几句话就让他如此得意，以至于将头抬得高高的。我突然感到自己那天下午也算是为人类的幸福做了一点有益的事情。

这条法则可并没有什么特权，没有等级限制，它是任何人任何时候都可以奉行的法则。你大可不必等自己当上大官，或发了大财之后，再去奉行这条法则。你几乎每天都可以运用它，例如我们进餐馆，要了一份法式炸薯条，而女服务员却端给我们一盘薯泥，这时我们不妨说："对不起，给你添麻烦了。但我更喜欢法式炸薯条。"女服务员会说:"不用客气,一点也不麻烦。"由于我们对她表示了尊敬,所以她会很高兴地给我们换炸薯条。

"对不起"、"给你添麻烦了"、"让你多费心"、"请你……"、"能不能……"、"谢谢"——这些细微平常的礼貌短语,就像是每天单调的生活中的润滑剂,会给我们的生活平添几分色彩,增进我们的人际关系,而这同时也是你我优良品质的体现。

伟大的小说家凯恩拥有成千上万的读者,但是凯恩只是个铁匠的儿子,一生只上过8年学,但他去世时已成为这个世界有史以来最为富有的作家。他是怎么创造财富的呢?让我们听一下他的事迹。

由于凯恩酷爱诗,所以他将大诗人罗斯迪所有的诗都读了一遍。他还写了一篇演说词,来歌颂罗斯迪在诗歌方面的艺术成就,并将它送给了罗斯迪本人。罗斯迪当然十分高兴,"任何一个青年能对我的才华有如此高深的见解,"罗斯迪说,"一定是个非常聪明的人。"

于是,罗斯迪将凯恩请到家中来,让他担任自己的秘书。这对凯恩来说,可是改变人生道路的难得机会——因为他凭借这一新的身份,接触了许多当代著名的文学家,从他们那里接受有益的建议,并受到他们的鼓励和激发,开始了他自己的写作生涯,最终闻名世界。

凯恩的故乡是英国曼岛的格里巴堡,它现在已经成为世界各地旅游者观光赏景的胜地。他留下来的财产高达250万美元!可是,又有谁知道,如果他当初没有写那篇真诚赞美罗斯迪的演讲词,他或许会穷困潦倒地死去呢!这就是发自内心地真诚赞美的力量,这是一种伟大的力量!罗斯迪认为自己很重要,这并不是什么新鲜事——几乎每个人都认为自己很重要,非常非常重要。

千万不要忘记爱默生曾说过的话:"凡是我所遇见的人,都有比我优秀之处。在这个方面,我正好可以向他学习。"凡是你听见过的人,你可能都会觉得他在某些方面要比你强,这是一个不容否认的事实。只要我们承认这一点,承认对方的重要性,并由衷地表达出来,就会使你得到他的友谊。

但让人感到愤怒的是,那些无所作为却自以为很成功的人,整天都在用令人恶心的浮华夸饰之词来掩饰他们内心的不安。这种人正像莎士比亚所说的："人！狂傲的人！借着那么一点儿才能，竟然在上天面前胡作非为，骗得天使们都流下了眼泪。"

康涅狄格州律师向我讲述了奉行这条法则发生在自己身上的成功案例，但是他不想让别人知道他的姓名，我们暂且就叫他G先生吧。

G先生来我班上接受培训之后不久，就和他妻子驾车去长岛，看望她的几家亲戚。他妻子将他留下来，陪同她年迈的姑妈聊天，而她自己则去看望另几家亲戚。由于G先生要在班上做一次关于如何运用赞美法则的演讲，于是他打算从这位老太太这里开始训练自己这方面的才能。

G先生在老太太的房子四周仔细巡视了一番，希望能找到一些他可以真诚赞美的东西。"您这栋房子是建于1890年前后，对吗？"G先生问老太太。

"是的，"老太太回答说，"正是那一年建的。"

"它使我回想起我出生的老家的房子。"G先生说，"它真是太好了，真漂亮，里面真宽敞！您知道，现在人们再也不建这种房子了。"

"一点都不错，年轻人！"老太太也表示同感。她说："现在的年轻人可不怎么在乎漂亮的房子。他们所想要的，不过是一小套公寓和一个电冰箱，然后无忧无虑地开着汽车，到处去兜风闲逛。"

"这是一所凝聚了理想和希望的房子。"老太太的声音有些颤抖，陷入了回忆中，她充满柔情地说："这房子是我和我丈夫爱情的结晶。我丈夫和我在建这栋房子之前，设计构思了许多年。我们并没有请建筑师，它完全是我们自己设计的。"

然后，老太太领着G先生参观了这所老房子。房子里放满了老太太在世界各地旅行时搜集到的纪念珍品：波斯披肩、英国老茶具、威格瓷器、法式寝具、意大利油画，以及曾风靡于法国封建王朝时期的专用于古堡装饰的丝帷，她对这些东西一直视如生命般宝贵。G先生对这些东西表示了真诚的赞美。

"老太太领我参观完房子之后，"G先生说，"她又把我带到车库去。那里放着一辆几乎是全新的别克高级汽车。"

# 第六章

"这辆车是我丈夫在去世前不久买的。"老太太慢声细语地说,"他离我而去之后,我再也没有用过它……年轻人,你很会欣赏美丽的东西,我准备把这辆车送给你。"

"哦,不!姑妈!"G先生说,"您这可让我不知如何是好了。对于您这番盛情,我当然感激不尽,可是我怎么能接受这么贵重的东西呢?我不是您的直系亲属,而且我自己有一辆汽车。再说许多亲戚也很喜欢这辆别克车呢。"

"亲戚?"老太太激动地大声喊道,"是的,我确实有亲戚。可是他们都正等着我死呢,这样他们就能得到我这辆汽车了。但他们谁也甭想得到它。"

"如果您不愿将它送给他们,那您可以把它卖给旧车专营公司。"G先生告诉老太太。

"卖掉它?"老太太叫了起来,"你以为我想卖掉它吗?你以为我愿意让那些和我素不相识的陌生人坐在我丈夫给我买的车中,到处跑来跑去吗?年轻人,我做梦都不会卖的。我只想把它送给你,因为你是个懂得欣赏美好东西的人。"

G先生尽力拒绝接受老太太的汽车。然而他最后不得不收下它,因为他的拒绝只会使她更加伤心。

这位老太太一个人孤独地住在这栋空荡荡的老房子里,她所拥有的只是她的波斯披肩、各种英国和法国古董,以及她的回忆,而她所渴求的,正是像G先生这样的赞美和欣赏。她也曾经年轻而美丽,拥有许许多多的追求者。她曾经和她的丈夫共同建了这所房子,这里面有他们永恒的、温馨的爱情,他们还从欧洲各国搜集到各种珍品来装饰这个爱情的巢窝。可是现在,她已经老了,在这年老孤寂的环境中,她渴望得到一点人性的温暖,得到一点真诚的赞美——但没有人给她所需要的东西。现在G先生给了她这一切,她的心犹如久旱逢甘露的大地一样,充满了感激,使她体会到了久别的情怀。一旦她得到这一切,那么即使将那辆别克车送给G先生,也不能完全表达她对他的感激之情。

看了上面的故事之后,你和我应该如何运用这种赞美他人的黄金法则呢？为什么不从我们自己的家庭开始？我不知道还会有什么地方更需要它。你的妻子肯定会有她的优点，或者至少你曾认为她有某些优点，要不然你会娶她当你的妻子吗？可是，自从你上次赞赏她至今已有多久了？你还记得吗，有多久了？记得时刻去赞美他人，让他觉得自己很重要，你不仅没有损失什么，而且也会因此收获更多。

赞美是一种技巧，更是一种力量。从社会心理学角度来说，赞美也是一种有效的沟通方式，能有效地缩短人和人之间的心理距离。

各位亲爱的女性朋友们，回忆你们自己的成长经历，谁没有热切地渴望过他人的赞美？或是美丽，或是聪慧，或是……既然渴望赞美是人的一种天性，那我们在工作与生活中就应学习和掌握好这一人生智慧。

## 8. 面对恶意冒犯者

在日常工作与生活中，有些女性受不得一点委屈，当别人无理时，她们以更无理的方式对待；当别人粗鲁时，她们便以更粗鲁的方式反击，"针尖对麦芒"，不肯后退半步。这种方式是很不可取的，只会使矛盾更激化。聪明的白领女性懂得后退一步，以柔克刚，将对方的攻势化解于无形。用软绳捆绑硬柴，结实、保险。

在经济萧条时的美国某地，一个女孩好不容易找到一份在高级珠宝店当售货员的工作，试用期为3个月。因为已到年关，店里的工作特别忙，姑娘干得很认真，因为她听经理对别人说有留下她的意思。

这天，她照常来店里上班。当她把柜台里的戒指拿出来整理时，进来一位30岁左右的顾客，他一脸的愤怒，褴褛的衣衫，用一种贪婪的眼神盯着那些高级首饰。

"叮零零！"电话铃突然响了，姑娘急着去接电话，不小心把盒子碰翻，6枚精美绝伦的钻石戒指落到地上。她慌忙四处寻找，捡起了其中的5枚，但第6枚戒指怎么也找不着。姑娘急出了一身汗。这时，她看到刚才那位男子正向门口走去，顿时，她猜到了戒指可能在他身上。当男子的脚将要迈出门槛时，姑娘柔声叫道："对不起，先生！"

那男子转过身来，两人相视无言足足有1分钟。"什么事？"他问，脸上的肌肉有些抽搐。"什么事？"他再次问道。

"先生，这是我找到的第一份工作，现在找个事做非常难，是不是？"姑娘神色黯然地说。

男子久久地审视着她，终于，一丝柔和的微笑呈现在他的脸上，"是的，的确如此。"他回答，"但是我能肯定，你会在这里干得很好。"

他向前走了一步，把手伸向她："我可以为你祝福吗？"姑娘也立刻伸出手，两只手紧紧地握在了一起，她用低低的但十分柔和的声音说："我同样也祝福您好运！"

他转过身，慢慢地向门口走去，姑娘把手中握着的第6枚戒指放回了原处。

这本是一桩盗窃案。一般情况下，人们都会采用拼死抓住盗窃者的方法追回赃物。但姑娘没有，她是用可怜的口吻、柔和的语言，乞求盗窃者良心的发现，并最终感动了盗窃者。不难想象，如果姑娘与盗窃者以硬碰硬，不仅要不回那枚戒指，还有可能受到盗窃者的伤害，就连那来之不易的工作也可能因此而丢失。

在工作与生活中，女性如果面对一件棘手的事，对方又是一个吃软不吃硬的刚烈之人，你就要考虑如何化解他的僵硬。也许最好的办法是收敛起一切有棱角的东西，把自己降到一个低下乞怜的位置，找准他的突破口，打动他心中柔软的部分，事情可能就好办多了。刚烈之人，情绪易激动，很容易失去理智。如果以硬碰硬，势必会使双方都失去理智，做事不计后果，最终，各有损伤，事情也必然搞砸。倘若以柔和之姿去面对刚烈火暴之人，则会是另一番局面，恰似细雨之于烈火，烈火熊熊，细雨绵绵，虽说不能当即将火扑灭，却有效控制住了火势，并一点点地将火灭去。

　　生活中我们会遇到很多不公平的事情，也会遇到很多让你无法接受的人，我们不能试着去改变别人，与其愤怒地大声指责别人的行为，不如怀着理解的心态给对方一个微笑。声嘶力竭地与别人争论并不能赢得所谓的自尊，反而会让你丢掉自尊。可见，任何人都可能被冒犯，问题的关键是你要以怎样的心态去面对。

　　不要因为你的敌人燃起一把火，你就要把自己烧死。女人在处理事情时不能简单粗暴，不要一味地发牢骚，不要用别人的错误来惩罚自己，而应学会从大处着眼，以忍耐和宽容去面对侵犯者，才能保持优雅平和。

# 下篇

## 第七章
## 不与自己对抗，让淡定重生

真正的淡定不是避开车马喧嚣，而是在心中修篱种菊。

表面的平静只是一种表象，心如止水才是真正的淡定。

发怒，是用别人的错误惩罚自己；烦恼，是用自己的过失折磨自己；抱怨，是用无奈的往事摧残自己；纠结，是用虚拟的风险惊吓自己；狭隘，是用自制的牢房禁锢自己；冲动，是让魔鬼缠上自己……为幸福做准备的最好方法，先认清自己内心的姿态，是柔软地接受和改变，还是固执地抗拒。

所有外在的事物都是内心投射的结果，一切问题的根源都在自己身上，如果我们把抗拒的力量收回来，改变自己，改变自己的心境，所有的外境，包括人和事都将会随之改变——境随心转。

## 1. 不忌妒，保持心态平衡

莎士比亚曾经说过："妒忌，你使天使也变成了魔鬼。"的确，攀比和妒忌之心如同女人心底里隐藏的一株杂草，一旦开始发育了，它便会使女人疯狂起来，不但毁了别人，也毁了自己。

传说有这样一个女人，她幸运地遇见了上帝。上帝告诉她：现在我可以满足你的任何一个愿望，但前提就是你的邻居会得到双份的报酬。那个人高兴不已，但她细心一想：如果我得到一份田产，我邻居就会得到双份田产了；如果我要一箱金子，那邻居就会得到两箱金子了……想来想去总不知道提出什么要求才好，她实在不甘心被邻居白占便宜。最后，那个女人一咬牙："唉，你挖我一只眼珠吧。"

还有一个女人，十分忌妒自己富裕的邻居，邻居越是高兴，她越是不高兴；邻居的生活过得越好，她越是不痛快；每天都盼望邻居倒霉，或盼望邻居家着火，或盼望邻居得什么不治之症，或盼望下雨天雷能窜进邻居家劈死个人，或盼望邻居的儿子夭折……然而每当她看到邻居时，邻居总是活得好好的，并且微笑着和他打招呼，这时她的心理就更崩溃了，恨不得给邻居的院里扔包炸药，把邻居炸死，但又怕偿还人命。

就这样，女人每天折磨自己，身体日渐消瘦，胸中就像堵了一块石头，吃不下也睡不着。终于有一天，女人决定给他的邻居制造点晦气，这天晚上她在花圈店里买了一个花圈，偷偷地给邻居家送去。当她走到邻居家门口时，听到里面有人在哭，此时邻居正好从屋里走出来，看到她送来一个花圈，忙说："这么快就过来了，谢谢！谢谢！"原来邻居的父亲刚刚去世。这人顿觉无趣，"嗯"了两声，便走了出来。

故事中的主人公出于忌妒，把自己置于一种心灵的地狱之中，折磨自己，然而最终却一无所得。

生活中经常会出现比我们境况好的人，我们要做的不是一味地忌妒，而是要摆正心态，看到自己的优势，过属于自己的生活。羡慕别人常会给我们带来更多的痛苦和压力，但若去想想我们自己所拥有的，我们将会得到更多的感恩和幸福。因为你身上所有特性是与生俱来别人不可能拥有的，何不用坦然喜乐的心来接纳上苍赐给我们的这些也许不是最好、但一定是最合适的一切呢？

俗话说："知足常乐。"然而忌妒的心理就像一根盛夏的小草，常常在不经意间疯狂地生长，遮掩了生活中的阳光雨露，使我们陷入无边的痛苦之中。

现实生活中，我们判断成功的标准开始发生变化。那些能够发财致富的人受到人们的普遍肯定。在这种情况下，我们每个人的内心世界或多或少地都有一些不平衡心理。而这种不平衡带给人精神上的压力是巨大的。比如某人赚了钱，某人升了官，某人买了车，某人盖了别墅……我本来比他们强，可我却不如他们风光体面！对比产生了心理不平衡，而这种心理不平衡又驱使着人们去追求一种新的平衡。但是，在追求不平衡的过程中，有些人往往不择手段，丧失道义，从此让自己沦于另一种更大的压力——失败。

不平衡使得一部分人心理自始至终处于一种极度不安的焦躁、矛盾、激愤之中。他们牢骚满腹，不思进取，工作中得过且过，和尚撞钟，心思不专，更有甚者会铤而走险，玩火烧身，走上了危险的境地。我们必须要走出不平衡的心理误区。怎样才能从这种不平衡的心理误区中突围出来呢？以下几点值得考虑：

首先你要学会做客观正确的比较。常言道，比上不足，比下有余。在比较中，你就会获得心理平衡。

很多女人每当忌妒一个人的时候，往往掩饰不了自己面部的丑陋，连说话的口气里都满是怨恨和悲哀，即使你觉得自己已经做得不显山不露水，其实那不过是掩耳盗铃，自欺之举。忌妒时容易做出愚蠢行为，且欲盖弥彰只能使自己的卑劣行径更加暴露无遗，令人嫌恶。

与其在忌妒中过日子，不如在崇拜中培养自己，培养自己良好的心态，接受别人的优点，做自己想做的事情，用一颗宽大的心使自己成为一个平凡而有内涵的人。

其次，心地无私，才能保持心态平衡。心理不平衡主要是私心开始做怪，觉得自己吃亏。

心地无私是治愈心理不平衡疾病的良药。在当今社会生活中，各种物质诱惑，特别是金钱美女，令一些人失去理智，头晕目眩，忘记了做人的基本原则和起码的准则，在追求心理平衡的过程中，倒向了腐败、堕落的深渊。在他们身上缺少的就是圣洁的信念、奋斗的理想。我们只有树立正确的世界观和人生观，才能够自知、自明、自重、自省、自尊、自爱、自警、自励。心里永远只想着别人，就不会深受不平衡心理的折磨，就能够达到一种高尚的思想境界。

## 2. 不虚荣，享受自己的生活

你也许不清楚自己是个什么样的人，但当你面对金钱、权力和人生是非的选择时，你会知道真正的自己是个什么样的人。

　　大多数的女人都会有些虚荣心，她们爱漂亮、爱打扮、爱虚荣、爱攀比，更爱追求物质上的享受。卢梭曾经说过："有的人总是戴着面具，他们几乎没有以他们本来的面目出现过，甚至弄得自己也不认识自己，当他不得不露出真面目的时候，他们就会感到万分的局促。在他们看来，要紧的不是他们实际上是什么样的人，而是要在外表上看起来好像是什么样的人。"

　　虚荣就像穿在身上一件华美的外衣，每个人都想表现出它的荣耀。那么这种表现的攀比欲望便成为心中一个美丽的陷阱。人也很容易自己掉到自己设置的陷阱里面去。

　　我们的不淡定之源，往往在于看到别人的幸福、快乐和优点，而忽略了属于自己的那一方晴空。我们总是觉得，别人比我们快活，这其实是一种错觉。即使那些处于权力巅峰者，也都有各自的苦恼。在一般人看来，国王、总统、首相似乎是权力和财富的化身，他们可以尽情享乐，为所欲为。像沙皇彼得一世那样，可任意到美女云集的宫院开怀取乐；像阿拔斯国王哈伦·拉希德那样，高兴时可用黄金制造碟子，用宝石饰缀帷帐。

　　事实上，炫目的权力，豪华与奢侈，不过是高居权力巅峰者生活的表面，首先爬上"宝座"，从默默无闻到众星拱月，本身就是一个充满坎坷的复杂过程。当人们谈到这些登峰造极的人物时，大概不会想到，恩克鲁玛担任加纳元首前曾经在一家公司轮船上洗瓶罐的情形；不会想到希特勒25岁时"忧愁和贫困是我的女友，无尽的饥馑是我的同伴"的哀怨。

　　另一方面，位高者有位高者的苦恼。悠悠万事，多是苦乐相济、幸福与烦恼并存的，站在权力的金字塔上也并非处处如意。

　　英国女王伊丽莎白一世受制于宫廷礼仪，连恋爱自由都没有，落得终身未嫁，哑巴吃黄连。

　　美国总统杜鲁门上任短短几个月光景，便发现："一个人当了总统就好像骑上了老虎背，他必须一直骑下去，不然就会被老虎吃掉。"

阿登纳70岁坐上联邦德国总理这把交椅时，深感局促不安，他在第一次公开发表讲话时，心情紧张得像揣着活兔。

印度尼西亚总统苏加诺的传记作者莱格道出了苏加诺的苦衷。他说：苏加诺所真正希望得到的、倘若他能如愿以偿的话，就是这样一个职位，既可发挥领导作用而又不陷于日常政府事务。可苏加诺始终未能如愿。

英迪拉·甘地在寓所里尽管每天可以接见官员和其他求见者，但她时常怅叹："搞政治这一行寂寞孤独。"

在君主制国家里，巴列维国王难得有点"平易近人"，他抱怨："伊朗古老悠久的帝制传统易使国王产生孤独感。虽然人们可以较多地与我接近，我也不像父王那样严厉，可是王位本身自然而然使我与人们间隔着一条鸿沟……我喜欢像别的元首那样独自做出决定，这样孤寂感就会更加强烈。"

俄皇伊丽莎白就位后一直担惊受怕，恐遭人暗算。她每天都要更换房间睡觉，最后干脆找来一个能彻夜不眠的人坐在自己身边，才能安心入睡。

列举了这么多例子，无非是想说明：每个人都有每个人的苦恼，平凡人拥有的那份宁静也许恰恰是帝王将相所求之不得的。

然而，许多对生活不满意的人，总有这样一种心态：别人比我快活！别人拥有的财富、地位、美貌、才华等我都没有。相比之下总会抱怨自己生活得平凡、乏味，却没想到，这些都成了你不快乐的源泉，让你永远在攀比的路上疲于奔命。

因为看到自己不如别人，我们就自卑地把头深深低埋在泥土里。其实，你在生活中感到的不满意和烦恼，正源于我们的盲目攀比，忘了享受自己的生活。

"境由心造"，只要你真心觉得快乐，就的确会如此。羡慕别人的幸福，以别人的成就作为标杆，这种心态其实每个人都存在。运用得当，这种比赛会成为我们进步的动力，但如果产生了盲目的情绪，那么只会让自己陷于急躁之中。知识上的攀比无妨，但是如果只看到别人的物质生活，那么你一辈子都无法淡定。

所以，如果我们想获得幸福，就应当安心享受自己的生活，不和他人攀比，自己拥有的也许正是别人羡慕的。抓住已经拥有的幸福，平静地看待生活，那么，你的每一天都将是充实的、美好的。

## 3．不憎恨，笑着面对伤害你的人

人在面对别人的嘲笑的时候，或许会很气愤，在面对别人的恶言中伤的时候，也许会情绪失控，如果这样，你是在助别人再加多一倍中伤你自己，你信吗？就因为你在乎，你才会愤怒，而这种愤怒不是向别人发泄你的不满，而是给你自己酝酿了一股怒火，从而焚烧自己。

活在这个纷纷扰扰的世界，我们总会遇到一些让人心绪难平的事，总会遇到一些有意无意伤害自己的人。面对这样的情况，你会做出什么选择？

我们不妨深吸一口气，对他露出一个微笑。面对别人的愤怒、嘲讽、折磨和背叛，从容潇洒地一笑而过，心情就会得到疏导，从而得到内在的平衡。

笑着面对那些绊倒你的人，因为他强化了你的双腿。人在一个地方跌倒了以后，他不会在同样的地方再次跌倒的，而那一次跌倒的经验，可以让你变得更小心，让你更注意脚下的路，从而让你避免跌得更伤。

笑着面对那些曾经欺骗你的人，因为他们增长了你的智慧。当你被人骗过一次之后，你会变得加倍小心，会比以前谨慎。

有那么一个生意人，他被人骗了一批货到外省后，他伤心欲绝，懊恼不已，千方百计才追回，那一次的被骗让他险些破产，于是，从此之后，他立下规矩，凡离开本省的货物必须付清全款才可以发货。从此，他的公司没有呆坏账。自从那次之后，他对人保持了高度的警惕，再也没有被骗过，因为在他的脑海里，形成一种条件反射，先过滤了被骗的可能性，才去行动。

笑着面对那些蔑视你的人，因为他觉醒了你的自尊。就因为别人的蔑视，会给你形成一股奋斗的动力，别人蔑视你的时候，你会为了证明给别人看你是有能力的，你要抬起头，你会更有动力去做事。

笑着面对那些遗弃你的人，因为他教会了你必须独立。如果你从小就被人遗弃了，在一个没有人理你的环境中长大，一定能激发你自身的求生本能，从而让你学会更多的求生技巧，你会比别人早一步去适应社会，你会有比别人更坚强的个性，你会没有依赖，独立、坚强、自主、自强这些个性对你的成长和做大事的帮助很大，当你面对残酷的竞争更需要这些自身的条件。

笑着面对那些挑衅你的人，因为他们让你明白宽容的含义。面对他人的挑衅，有时不免生气，想要教训他一番，以此发泄心中的怒火。就感情而言，有些人的确很令人讨厌，但这并不等于非和他闹别扭、非要和他斗气不可。放他一马、退一步也未尝不可。这样做，并不是懦弱和退缩，而恰恰是你宽容的明证。在别人对我们无礼的时候，我们要学会把自己愤怒的情绪隐藏起来，用一种平静的心态感化他们。这不仅是一种品质，更是个人魅力的一种要素。

不要有恨，你的人生会更快乐，当你恨一个人恨得睡不着吃不香的时候，那意味着那种恨在折磨着你自己，不要怨，当你怨天怨地的时候，也是在折磨着你自己。学会微笑，学会以微笑去面对一切的伤害，和一切的磨难，你才会真正地快乐起来，宽容别人的时候，也是在宽容你自己。就算不能宽容别人的时候，你也要学会消除自身的困惑。

轻扬嘴角，留下一抹炫彩的微笑。要知道，人的一生就是为了追求快乐和满足，不必为了别人的羞辱，让自己郁郁寡欢，给自己带来不必要的心理麻烦。只有当你自己不在乎的时候，才没有人可以伤害到你。

## 4. 不功利，及时修剪心中的欲望

列夫·托尔斯泰说："欲望越小，人生就越幸福。"这句话，蕴含着很深刻的人生哲理。很多时候，就是因为欲望，才使人变得贪婪，才使得人生容易招致祸端。

"身外物，不奢恋"是痛定思痛后的清醒，是超越世俗的大智慧。谁能做到这一点，谁就会活得轻松，过得自在，遇事想得开、放得下。

人不快乐大致由两个诱因造成，一是利益的诱惑，一是表达的诱惑。要想让自己永葆快乐，就必须解决这两个问题。

曼谷的西郊有一座寺院。一天，寺里来了一位衣衫光鲜、气宇不凡的客人，客人是曼谷享有盛名的娱乐大亨，近来，他遇到了一些生意上的难题。住持索提那克法师陪客人四处转悠。行走间，客人向法师请教了一个问题："人怎样才能消除自己的欲望？"

索提那克法师微微一笑，返身进内室拿来一把园林剪，对客人说："施主，请随我来！"

他把客人带到寺院外的山坡。客人看到了满山杂乱无章的灌木。

法师把剪子交给客人，说道："您只要能反复修剪一棵树，您的欲望就会消除。"

客人疑惑地接过剪子，走向一棵灌木，咔嚓咔嚓地剪了起来。

一壶茶的工夫过去了，法师问他感觉如何。客人笑笑："感觉身体倒是舒展轻松了许多，可是平日堵在心头的那些欲望好像并没有放下。"

法师领首说："刚开始是这样的，经常修剪就好了。"

十天后，大亨来了；十六天后，大亨又来了……三个月过去了，大亨已经将那棵灌木修剪成了一只粗具规模的鸟的形状。法师问他："现在你是否懂得如何消除欲望？"大亨面带愧色地回答说："可能是我太愚钝，每次修剪的时候，我能够气定神闲，心无挂碍。可是，从您这里离开，回到我的生活圈子之后，我所有的欲望依然会像往常那样冒出来。"

法师笑而不言……

当大亨的作品完全成型之后，法师对大亨说："施主，你知道当初为什么我建议你来修剪灌木吗？我是希望你每次修剪后，都能发现，原来剪去的部分，又会重新长出来。这就像我们的欲望，你别指望能完全把它消除。我们能做的，就是尽力把它修剪得更美观。放任欲望，它就会像这满坡疯长的灌木，丑恶不堪。但是，经常修剪，就能成为一道悦目的风景。对于名利，只要取之有道，用之有道，利己惠人，它就不应该被看作是心灵的枷锁。"

大亨恍然大悟。

利益的诱惑应该不难理解。在这个灯红酒绿的花花世界，凡人大概没有说我不爱金钱，不爱美色的。但既想爱又得不到，或者在一个环境里，一部分人得多了，另一部分人得少了，或者干脆就没你的份，这样你当然就会感到不平衡，不平衡就是不稳定，不稳定就是心不平，心不平就是气不顺，这样你自然就无法谈什么快乐不快乐。

导致我们不快乐的诱因找到了，就像医生给病人找到了病根，对症下药，治疗起来就有的放矢了。这样看来，我们要想永葆人生的快乐，就需要解决这两个问题，一是如何排除利益的诱惑，二是如何抵御表达的诱惑。也不难，就四个字，多干少说，这就行了。做鲁迅先生笔下的那种人，横眉冷对千夫指，俯首甘为孺子牛。

有的人说，那还是做不到，即便你多干少说，诱惑难道就不存在了吗？就保证不说一句话吗？不是，当然不是。诱惑是时刻存在的，话也不可能一句不说。我的意思是，你做得越多，诱惑对你的作用可能就越少，你得到的快乐自然就越多。你如果全身心地扑到了你所要做的事情上，那么，那些诱惑还能在你的心中占有多少成分呢？正所谓物我两忘，这也是一种修炼，一种道行。

这样就又出现了一个问题，我们究竟应该做些什么？做什么呢？自然是尽可能地多做你自己喜欢做的事情，尽量不做或者少做你自己不喜欢做的事情。有的人说我就没有什么喜欢做的事情，现在的事情就已经烦透了。我说，其实不是。每个人都有自己喜欢做的事情，也都渴望自己做好一些事情，只是你没有发现，没有发掘你自己喜欢的潜能，也就是说，在这个世界上，有时候你最不了解的其实是你自己。你一旦发现了你的喜好，你就要好好培养它，塑造它，扶植它，一步步地让它长大，长到能让自己在底下乘凉、歇息、躲风、避雨的时候，你就会有一种一发不可收的感觉，那就好了，那就收到了快乐的极致效果。

如果说你真的是找不到自己喜欢做的事情了，那么我建议你根据自己的实际情况，天天坚持锻炼身体也可以，天天坚持看几页书也可以，天天坚持听听音乐也可以，天天坚持自己动手烧一道好菜也可以，天天坚持跟着孩子学习一个英语单词也可以，哪怕再勤快一点，天天把自己的家室打扫得干干净净，也是一件快慰舒心的事情。等等这些，都比追逐那些自己无法得到的东西要充实得多，比非要表达那些别人不想让我们表达的空话要踏实得多。

## 5．不自私，伸出你温润的双手

一个人的生命，只有有助于他人，才能称得上是喜悦与快乐的。

一个女人只有深知给予的道理，她才能有所获取，她的生命才能散发长久的馨香。

有一位哲人问他的学生:"对一个人来说,最需要拥有的是什么?"答案很多,哲人都摇头否定,但有一位学生的答案令他露出了笑容,那位同学答道:"一颗善心!"哲学家说:"在这'善心'二字中,包括了别人所说的一切东西。因为有善心的人,对于自己则能知足常乐,能去做一切于己适宜的事。对于他人,他则是一个良好的伴侣和可亲的朋友。"

一颗善良的心,一种爱人的性情,可以说是一个女人最大的财富。虽然她给予他人以爱、同情和鼓励,然而她本身却并未因为给予而有所减少,反而会由于给予而获得更多。她给人的爱、同情、善意愈多,她所能收回的爱、同情和善意也就愈多。

有一个女人一生都生活在痛苦中,死了以后,她想搞清这是为什么,于是她来到上帝的面前讨教怎样才能获得快乐。上帝对她说:"来,我带你去看一个地方。"他们进入了一个门上写着"地狱"两个字的房间,看到许多人正围着一桌丰盛的食物坐着,他们骨瘦如柴,但眼睛里却充满贪婪和焦急。他们每个人手上都绑着一把勺子,只因为勺子太长,所以食物没法儿送到自己的嘴里。他们互相争抢,更增加了吃饭的难度。

"来,现在我带你去看另一个地方。"上帝又带她进入了一个门上写着"天堂"的房间。这个房间也有一大群人围着一桌丰盛的食物坐着,他们的勺子跟刚才"地狱"里那群人的一样长。所不同的是,这里的人满脸幸福地微笑,他们又吃又喝,有说有笑。原来他们是互相喂对方吃的。

这个故事揭示了一个深刻的道理:人活在世上要学会分享与给予,养成互爱互助的行为。那群地狱里的吝啬鬼宁愿饿死,也不愿去喂对方,而天堂里的人们却知道"予人玫瑰,手留余香"的道理。

有一个48岁的女人,丈夫病逝不久,儿子又因车祸而身亡,她整天沉浸在悲痛之中，久而久之得了忧郁症，甚至产生过自杀的念头。好心的邻居劝她去做些能使别人快乐的事。快50岁的她能做些什么呢？她过去喜欢养花，自从丈夫和儿子相继去世，花园都荒芜了。她听了邻居的劝告后，强忍悲痛，开始整修花园，施肥灌水，撒下种子，很快花园里就开出鲜艳的花朵。此后，她每隔几天就将亲手栽培的鲜花送给附近医院里的病人。她给医院里的病人送去了温馨，得到了一声声的感谢，那些美好的话语轻柔地浸润着她的心田，她的忧郁症也慢慢地治愈了。她还经常收到病愈者寄来的贺年卡、感谢信，这些卡片和信赶走了她的孤独，使她重新获得了生活的快乐。

有一位哲人曾经说过："给别人一些空间，就是给自己一个世界，给别人一些帮助，就是给自己生机和希望。但是如果你先前不帮助别人，别人也不会主动帮助你。"可见，只有当你在生活中真正了解到付出才能得到，你的人际关系才能打得更开、更大。

社会是将人与人联系起来的一张网，在这张网中，无论你做什么，都会影响到周围人。倘若你以自我为中心，周围人就会以为你自私自利而疏远你；反之，则会给他人和善、有度量之感，从而有了对他人的吸引力，自然也就成就了自己。因此，帮助了别人，便是成就自己。

助人就是助己。当一个女人微笑着奉献出自己的善良时，那么这个世界也会对她展露最舒心的微笑。

## 6. 不抱怨，世界不公平，你要学着适应

生活中，我们常常听到许多女人抱怨生活的不公平："为什么她没有我

出色,却嫁了那么有钱的老公?""还有没有天理可言,她要能力没能力,要学历没学历,为啥偏偏提拔她为部门经理?""为啥干一样的工作,她却比我拿的薪水高?""你瞧瞧,人家年纪轻轻就开好车、住别墅,为什么我没有一个有钱的老爹?"

诸如此类的话语我们称之为抱怨或者牢骚。要知道,这个世界本来就是不公平的,我们是无法逃避,也是无法选择的。一切的抗拒不但不能扭转这种不公平反而会毁了你自己的生活。与其用生命中的大好时光去做些徒劳无功的挣扎,不如接受已经存在的事实,随时调整改变自己,与社会保持脚步一致。

有句话说得好:"如果你不能改变环境,那就学着改变自己。"看来,任何人要想顺利地适应快速变迁的社会,就只能从自身开始做起。如果世界无法改变,我们可以来改变自己。如果别人不喜欢自己,是因为自己还不够讨人喜欢。如果无法说服别人,是因为自己还不具备足够的说服能力。要想让事情改变,首先得改变自己。只有改变自己,才会最终改变别人;只有改变自己,才可以最终改变属于自己的世界。

《拉封丹寓言》中有这样一个关于抱怨的故事。孔雀向王后朱诺抱怨说:"王后啊王后,我不是来发牢骚的,当然也不是来无理取闹,您赐给我的歌喉,没有人喜欢听,可您看那黄莺小精灵,唱出的歌声婉转而甜蜜,它占尽了春光,风头出尽。"

朱诺还没有待孔雀说完就生气了,严厉地批评它道:"你赶紧住嘴,妒忌的鸟儿,你看你脖子四周,是一条有如七彩丝绸染织的美丽彩虹,当你款款缓行时,舒展着华丽羽毛,出现在人们面前时,人们就如同见到了色彩斑斓的珠宝。以你这样美丽,你难道还好意思去忌妒黄莺的歌声吗?和你相比,这世界上没有一种鸟能像你这样受到别人的喜爱。一种动物不可能都具备世界上所有动物的优点。我们分赐给大家不同的禀赋,有的天生长得高大凶猛;有的如鹰一样的勇敢,隼一样的迅捷;乌鸦则可以预告征兆。大家互相相容,各司其职。所以我奉劝你收回你的抱怨，否则的话，你的华丽羽毛将不复存在，好自为之吧。"

不公平像空气一样，只要你想，它随处可在，也随时都可以牵着你的鼻子，直到把你引入心灵的死角。一个以抱怨面对生活的人，就像一个灵魂的自虐者。他们不懂得要想改变不公，得到自己理想中的公平，唯一的方法就是去适应它，在适应的基础上用能力去改造环境，创造公平。

对于婚姻，女人习惯靠抱怨来缓解压力，一不小心就会上瘾。婚前，有着爱情的滋润，女人总是用放大镜放大男人的优点；婚后，爱情在平淡的流年中磨损，女人又开始用放大镜放大男人的缺点，不是抱怨男人不争气，就是抱怨生活不如意，渐渐养成一种惯性，长此以往，不仅仅自己失去了女人的魅力，连家人都感到厌恶。所以说，抱怨很多时候并不能解决问题，而是制造问题。

我们都知道有一个著名的DDT农药吧？如果把它喷洒到植物上杀虫，这时，它散布到空气中还是非常地稀薄。但是，随着一场雨水的到来，它就被雨水从空气中带到了地面，沉积在河里，被浮游生物吸收，富集的结果浓度就增高到1万倍以上。之后，河里的小鱼虾吃掉浮游生物，大鱼虾又吃掉小鱼虾，人再吃这些鱼虾。最后，人的身体就富集了毒物。谁也不会想到，这时，DDT的浓度已经悄然地发生了变化，而且，这个变化让所有人都会大吃一惊：其浓度比最初空气中的浓度高出1000万倍。

这里说的就是恶富集：坏的东西聚集在一起会急剧增长。我始终相信，幸福的源泉是一颗快乐的心，而快乐的心不能总是抱怨，否则，听到了抱怨的声音，幸福的泉水就不再流淌，它退缩了，女人也就永远和幸福无缘了。

要知道，生活不可能尽善尽美，也没有一种生活会让人完全满意，阳光下也会有阴影，我们虽然做不到毫无怨言，但至少应该少一些无为的抱怨，多一些积极的心态和行动，这样的生活才能够过得惬意一些，舒心一些。

因此，女人一定要学着去适应这个变化极快的社会环境。只有当你学会承受一切不可逆转的事实，对那些必然的事情主动而轻松地承受，那么不管任何时候你都能做到,在面对变幻莫测的社会时依旧"处变不惊"。

## 7. 不固执,妥协是一种前进的艺术

埃尔维修说:"人们总是以为同他的观点分歧的任何人都是坏人;同他的观点分歧的任何书都是坏书。"换句话说,我们常常固执地相信自己的想法总是正确无误的。

对于一个事事较真、固执己见,凡事非要分出个高低的女人来说,似乎每个人都固执。乍一听来这句话似乎不可思议,每一个人的固执怎么会同时面对自己,但往往事实就是这样,让你在不知不觉中不知道怎样面对别人,面对自己。实际上这又是你心中的固执在作怪,当你的思想有了改变,你感受到的一切外部事件都会随着你的改变而改变。很自然地,当你不能完全接受别人的意见时,你就会开始固执己见,听不进可吸纳的意见,不能正视事情的本源,你会认为别人都在针对你而固执己见。这时你就失去了解决问题的方法与机会。

德国诗人歌德到公园散步,在一条狭窄的小路上,与一位反对他的批评家相遇。那位批评家傲慢无礼地对他说:"知道吗,我从来不给傻瓜让路。"歌德笑笑:"我正好相反。"说完闪到一旁,让批评家过去。你看,到底谁是傻瓜呢?自作聪明的人,往往被聪明所误。常言道,冤家路窄。在人生的路途上,我们难免与冤家狭路相逢。若两个人都是傻瓜,彼此逞强,互不让步,结果两败俱伤,谁也占不到便宜。若其中有一个智者,他们会顺利通过。若两人都是智者,他们会大路朝天,各走一边。

敦刻尔克大撤退,是世界军事史上一次著名战役。1940年,第二次

# 第七章

世界大战进入白热化阶段。5月,德军开始进攻西欧。当时英国、法国、比利时、荷兰、卢森堡拥有147个师,300多万军队,兵力与德国实力相当,德军并无全胜的十足把握。

然而意想不到的是,由于法国的战略保守,固守长线,他们不准备与德军直接抗衡,而是把希望寄托于自认为固若金汤的马其诺防线上,对德国宣而不战。谁知,德军并没有强攻马其诺防线,他们首先攻打比利时、荷兰和卢森堡,并绕过马其诺防线,从色当一带渡河入法国。法国随即宣布灭亡。

此后不久,德国法西斯的铁蹄又踏入荷兰、比利时、卢森堡。到了5月,德军直趋英吉利海峡,把近40万英法联军围逼在法国北部狭小地带,只剩下敦刻尔克这个仅有万名居民的小港可以作为海上退路。如果40万人从这个港口撤退,在德国炮火的猛烈袭击下,后果不堪设想。当时,英国政府和海军发动大批船员,动员人民起来营救军队。他们的计划是力争撤离3万人。

对于即将发生的悲剧,英国民众显得无比悲伤,对政府的无能气愤无比。不过,他们仍然宁死不惧地投入到撤离部队的危险中去,于是出现了驶往敦刻尔克的奇怪的"无敌船队"。这支船队中有政府征用的船只,但更多的是自发前去接运部队的民船。

这一切,都辉映在红色的背景中,这是敦刻尔克在燃烧。没有谁去扑火,也没人有空去救火,更没有人去与德军拼命。德军不停地开炮,炮声轰轰,火光闪闪,天空中充满嘈杂声、高射炮声、机枪声……人们不可能正常说话,在敦刻尔克战斗过的人都有了一种极为嘶哑的嗓音。这嗓音成了一种荣誉的标记,被称为"敦刻尔克嗓子"。

就这样,这支杂牌船队在这种危险的情形下,救出了33.5万人。

敦刻尔克大撤退并不是一次战役,而是一种审时度势的妥协。但正是这一举动,为盟军保存了日后反攻的主力、为打败德意日法西斯奠定了基础。试想,如果当时英法联军与人民不顾一切地选择抵抗,那么势必会导致全军覆灭，让德军彻底征服西欧。

面对强劲的对手，一般人都会认为，绝不服输，这才是一个人应有的选择。诚然，这样的选择没有错，然而以卵击石，这无疑是不明智之举。有的时候，退却是最佳的选择。

不可否认，现实生活中的太多人，唯我独尊，心胸狭窄，自以为是。在遇到矛盾时，不愿吃亏，无理辩三分，争强好胜。在发生矛盾的对方做了让步后，依然不依不饶，步步紧逼。最终使矛盾不断地升级和激化。所以，忍一时风平浪静，退一步海阔天空，在我们的现实生活中显得那么的重要。

当然，让步不是听之任之，也不是怯懦、妥协、放纵的代名词。让步，是有原则的，在合理的范围之内是宽容、是忍耐、坚韧，是成熟、冷静、理智、心胸豁达的表现。退一步，自尊与卑微仅仅相差一步，差的不是别的，就是你的内心。世界因宽容、体谅而祥和，人生因宽容、体谅而精彩。

## 8．不发怒，学会控制自己的情绪

每天去为那些不可能发生的事情而烦恼，对自己、对他人都没有任何益处。更值得我们警醒的是：我们这样做根本就是在自己折磨自己，从而让自己活得更消极和痛苦。

我的第一个秘书丽莎小姐，是一位非常聪明的小姑娘，而且工作能力也很强。然而丽莎却有一个非常大的缺点，就是做事太粗心了。有一次，我在检查她打的文件的时候发现，她再次粗心地把一份很重要的文件搞错了。这个问题我已经提醒过她多次了,所以就狠狠地批评了她一顿。后来,当我冷静下来的时候,我也觉得自己的做法有些不妥,于是又向丽莎道了歉。

本来,我以为这件事很快就会过去,然而却并非如此,丽莎从此变得一蹶不振。从那以后,她的工作更是频频出错。不光这样,我还发现她甚至在工作的时候常常心不在焉,有时候我连叫几声她都听不见。我不知道丽莎是怎么了,难道就是因为我批评了她?不,我觉得不应该是,因为被别人批评也是一件很平常的事,不应该给她造成这么大的影响。

几天以后,丽莎的父母打电话给我,问我丽莎最近是不是出了什么事。我把丽莎的工作情况简单说了一下,并问他们是如何知道的。丽莎的父母说丽莎最近变得沉默寡言,而且还非常容易发脾气,常常因为一件小事就和父母大吵一架。我似乎已经明白了其中的原因,于是在挂掉电话以后,我把丽莎叫到了办公室。

我问丽莎:"有什么可以帮你的吗?我知道你最近的情绪很不好!首先,我为我那天的行为再次道歉,因为我的行为受到了情绪的控制。真是对不起!"

丽莎对我说:"不,卡耐基先生,这和你没有什么关系!即使你今天不找我,我也正打算向您辞职。实际上,从那次您批评我之后,我就对自己丧失了信心。现在,我根本没有办法集中精神工作,因为我老是担心出错。可我发现,我越是担心就越出错。不光这样,每天回到家的时候,我不愿意和父母多说话,而且心情非常烦躁,常常和父母吵架。对不起,卡耐基先生,我真的做不下去了,因此我还是决定辞职。"

老实说,当时我真的很想帮助丽莎,可是我却想不出一个好的办法。无奈,我只好同意了她的请求。

现在看来,丽莎这种做法属于典型的情绪失控。从严格意义上讲,情绪不过是一种心理活动而已,但事实上,它和一个人的学习、工作、生活等各个方面都息息相关。如果一个人的情绪是积极的、乐观的、向上的,那么这无疑就有益于他的身心健康、智力发展以及个人水平的发挥。反过来,如果一个人的情绪是消极的、悲观的、不思进取的,那么这无疑就会影响到他的身心健康,阻碍其智力水平的发展以及正常水平的发挥。

女士们,你们是不是有些时候也和丽莎一样呢?事实上确实如此,因为毕竟女人是最情绪化的生物,女士们大多都无法控制自己的情绪,都是情绪的奴隶。很多女士都被自己的情绪所拖累,似乎所有的烦恼、忧闷、失落、压抑和痛苦等全都降临到自己的身上。她们的生活没有了快乐,开始抱怨这个不公的世界。她们每天都祈祷上帝,希望她能早一天将快乐降到自己身上。

其实,很多女士都知道控制情绪的重要性,不过她们在遇到具体的问题的时候却往往会败下阵来。她们会说:"我知道控制情绪的重要性,也梦想着成为情绪的主人。可是,控制情绪实在是一件太困难的事情了。"显然,她们是在向别人表示:"我做不到,我真的无法控制自己的情绪。"

因此,女士们如果想主宰自己的情绪,成为情绪的主人,首先就要让自己有这样的信念:我相信自己一定可以摆脱情绪的控制,无论如何我都要试一试。只有这样,女士们的主动性才能被启动,从而真正战胜情绪。

亚里士多德说:"每个人都会生气,这确实不费力气,然而要能适时适所,以适当方式对适当的对象恰如其分地生气,可就实属不易。"所以要成为情绪的主人,首先要觉察自我的情绪,同时能觉察他人的情绪,进而能管理自我情绪,特别是要常保鲜活的心情面对人生。为此,专家们为经常受到情绪困扰的人提出了几条建议。

### 1. 感受快乐

实际上,苦累和快乐是相伴而生的,在苦累中寻找快乐,未尝不是一种高品位的人生境界。快乐属于我们所有人,它与物质财富的多寡并没有实质性的关系;快乐是一种感受,只有感觉到,才能享受到,这就是说只有知足才能常乐；快乐是一种修养、一种大气，只要你对别人存有一颗宽容的心，只要你对生活持有一份欣赏之情，你就会感知快乐、享受快乐。

### 2. 冷却或转移注意力

一个人遇事立刻发泄怒气，将会使愤怒的情绪更加延长，倒不如先冷却一段时间，让心情先平静下来，然后采取较有建设性的方法去解决问题。可见平息怒火其中一个方式是走入一个怒火不会再激起的场地，使激昂的生理状态逐渐冷却。当心情非常气愤或沮丧时，不妨考虑与家人一起到外面吃顿美餐，或独自一人到公园散步，放松心情。总之，暂时把烦恼抛诸脑后，待情绪好转时，再重新出发。

### 3. 适度表达愤怒

每当很气愤时，不要过度压抑，而应该以较不伤人的方式适度表达内心的气愤，要有一定的"自制力"，适当控制自己的情绪。心理学研究表明，当人的心理处于压抑、烦恼和不快时，需要向人倾诉。有节制地发泄，把闷在心里的苦恼统统倒出来，这是保持心理健康所必须的。俗话说，快乐有人分享是更大的快乐，痛苦有人分担就可以减轻痛苦。因此，如果你怒不可遏的话，不妨找个亲朋好友谈谈，这对你的身心大有益处。

### 4. 使用替代想法或理情治疗法

理情治疗法主张人的理念、信念会主宰他的情绪。倘若不好或不合理的信念产生，情绪会产生较大的波动。所以，生活中常保良好或善意的理念，情绪也会较稳定。如失恋时，心情非常沮丧、伤心，觉得"对方离开我，因为我一无是处，令人嫌弃"，假如太过沉浸于这种思想中一定伤心失望到极点，甚至难以自拔，此时可以改变一下想法，认为是双方不合适，而不是自己条件差，没人喜欢，则心情会得到好转，并能重新振奋起来。

总之，爱生气的女人需要确立正确的人生态度，不断开拓自己的胸怀，豁达大度，培养自己具有良好的性格，培养高尚的人生情趣，使心灵不断净化，运用一些调整情绪的方法，使自己从不良情绪中摆脱出来。

## 9. 不纠结，笑对人生得与失

每个活着的人，不管他的品格是好是坏，都会体验过内疚情绪。这种情绪是一种"悄悄的小声音"对你说的结果，那种"悄悄的小声音"就是你的良心。

人们在每一个场合都会受到特定的道德标准的约束。他如果违背了这种道德标准，就会产生内疚。

诚然，内疚情绪配合着积极的心态会有良好的促进作用。但是，并非每种内疚情绪都能产生良好的结果，当一个人有了内疚情绪，而又不用积极的心态去祛除它，其结果往往是有害的。

我们产生内疚情绪，是因为我们犯了错误，其实，我们所犯的最大一个错误就是不能原谅人，尤其是不能原谅自己，对自己所犯的错误耿耿于怀。

一味地内疚，不能原谅自己是很愚蠢又很荒谬的事。生命并没有为我们配备一本防愚蠢手册。我们都在尽力而为，但我们并不完美。我们所能做到的最好境界是：在任何时刻，做任何事时，都尽我所能。没有多少人能精通人生这门学问，驾驭自如。

快乐的人之所以快乐，是因为他们很容易原谅自己所犯的错，而不是用内疚来麻醉自己。他们为什么能如此善待自己而不受内疚情绪的困扰呢？因为他们把犯错视为一次练习的机会。他们用带点哲理的见解保持冷静的观察力和幽默感，让自己不至于垂头丧气。

有些人的内疚情绪来源于很大的错误，例如，航管人员犯了错或是医生一次误诊，结果就可能是导致死亡。但我们大多数人犯的错都是无关生死的，这些不过是"小事"，却被夸张为"大事"。

没有人会喜欢犯错，却也避免不了犯错。我们不妨很坦然地接受错误——真正的接受——把它当作生命中不可避免的事。我们能这么做了，就能祛除一切内疚情绪，让所有的压力消失得无影无踪。

凡事都会过去，不管好与不好的事情，天气也不是天天晴天，有阴天、雨天，或者暴风雪天、暴风雨天等，看开些吧，笑看风云，笑看人生，笑着面对得与失，冷与暖，爱与恨……

承认失败，不要认为自己在所有方面都最高明。有些爱生气的人就是害怕自己不如别人，想突出自己的努力和成就，但获得的往往都是痛心的失败，导致烦恼、不满、生闷气。这是没有必要的。因为，我们每个人的才智都是有限的，在一两个方面取得成就已经很不容易了，其他方面的成绩不低于一般水平也就可以了，何必处处要显示自己的高明呢？

让失败成为艺术，是一种逆向思维。它将人性的弱点和缺陷所导致的悲剧，以一种幽默的方式表现出来，诠释了一种曲径通幽的全新理念。让失败成为一种艺术，是一种豁达的人生境界。能够让失败成为艺术的人，意味着他已走出失败的阴影；而走出失败的阴影，本身就是一种成功。

如果说成功是一门面对失败的艺术，那么，失败也可成为生活的艺术，你还可享受这种艺术带给你的与众不同的快乐，关键在人的心境！

## 10. 不狭隘，给怨恨一个"休止符"

莎士比亚说过："仇恨的怒火，最后烧伤的是你自己。"你如果整天想着报复自己的敌人，最后即使真的如你所愿，狠狠地报复了他们，但是你的身心健康也会受到很大的损害。

生活中，我们确实很难做到像圣人那样，去爱我们的仇敌，但是，你要会爱自己，为了使我们快乐而健康地生活。我们可以去原谅他们、忘记他们，这样做是非常明智的，因为我们不能让敌人控制我们的快乐、健康和外表。

一位女士在中途上了开往费城的火车。她走进一节车厢，挑了一个位置坐下。这时，一位略显肥胖的男士走了过来，坐在了她对面的座位上，然后，他开始抽起烟来。这位女士忍不住咳了几声，并且表现得很是烦躁。可这位男士并没有注意到对面这位女士的反应，终于，女士忍不住开口说："你是外国人吗？你不知道列车上有一个专门的吸烟车厢吗？这里是禁止吸烟的。"那个男子一句话都没说，很顺从地把香烟掐灭了。

不一会儿，一名列车员过来礼貌地请她换个车厢坐，因为她坐的是格兰特将军的私人车厢。女士听完后十分惊讶，她显得有点慌张和害怕。在站起身往门口走之前，她看了一眼格兰特将军，那位抽烟的男士也就是将军，一动不动，脸上没有任何取笑她的表情，也没有让她有什么难堪，和刚才一样，他表现得宽容而大度。

卡里尔说："伟人之所以伟大，就在于他们宽容和体谅着普通人。"许多伟人之所以受到人们的爱戴，很大程度上就是因为他们身上具有宽容的美德。对于普通人而言，具有宽容的美德会使你显得有涵养，使你魅力四射，令人无法忽视。

如果你想拥有一颗宽容的心，这里有条不错的建议。德军有一条实行已久的军规："当你对一些事十分不满时，你不能立即表示出来，你一定得忍过一晚上，等你心平气和之后，你再提出来也不迟。"在社会生活中，如果也实行这条军规的话，相信可以让那些唠叨的父母、喋喋不休的妻子、挑剔的雇主和一些故意刁难别人的人变得心平气和起来，许多事端就不会发生。

推罪及人而不反躬自省，这是每个人都有的毛病。所以，如果有一天你突然想苛责别人，就想一下在我们生活中的那些鲜活的事例，然后正视这个事实：无论我们所要批评的人是否做错，他都会竭力为自己的行为和做法寻找借口，甚至反过来挑你的毛病。

宽容是一种美德。生活本身就很累，为生计，为学习，为婚姻，为家庭，为事业……顺心的时候少，烦躁、愤懑、心理不平的时候多。人人都渴望得到理解、得到宽容。想不通的事情，换个位置，站在对方的角度上去思考、去评判，兴许就能找到宽容的依据。眼里容不得沙子的人不会看得很远，不会原谅别人的人，别人也不会原谅你。动辄出口伤人、训人、损人，那肯定也好过不了多少。

年轻的林肯曾在某个时期十分热衷于批评他人。他不仅写文章嘲笑别人，还把文章故意扔在大街上，让人观看，这让被嘲笑的人十分憎恶他。直到后来，发生了一件事，让他彻底醒悟自己做错了。1842年，他撰文批评西华尔，西华尔十分愤怒，他要求与林肯决斗，林肯不想决斗，可这样于脸面有损，于是他决定应战。幸好双方助战的朋友在最后关头阻止了这场生死决斗。经过这件事，林肯再也不过分批评和嘲笑别人了。

不留情面地严厉批评一个人，哪怕批评得完全正确，也会让人对你恨之入骨、记恨你一辈子。与其说人是一种有逻辑、有理性的动物，还不如说人是一种充满感情、偏见和虚荣的动物更为恰当。尖刻的批评会伤害他们心中浮夸的虚荣与自尊，有时，还会引来一大堆麻烦。

事实上，宽容的态度就是人际关系的润滑剂，人与人之间友谊的桥梁。女士们可能会认为，宽容是对别人而言的，因为那样的话别人可以不接受错误的惩罚，也可以不接受良心的谴责。但是，我要告诉各位女士们，宽容最大的受益者实际上是你们，并不是别人。

世界上最笨的人也会批评、咒骂、抱怨他人，并不是每个人都能学会体谅和宽容，只有拥有成熟人格的人才能如此。

如果我们恨我们的仇敌，就相当于让他们变相地胜利了。那种仇恨使我们睡不好、吃不好，我们的健康和快乐会因此受到影响。如果我们的仇敌知道我们如此地为他们而苦恼，他们令我们满心怨恨的话，他们肯定会高兴得跳舞的。我们心中的恨意根本不能伤害他们，而我们自己的生活却像在地狱一样。

迷尔瓦基警察局曾发出过一个通告："如果一个自私的人想占你的便宜，不要去理会，更不要报复。如果你一直想跟他分个高低，那么，你伤害不了他多少，只能伤害你自己……"报复怎么会伤害你呢？《生活》杂志报道说："如果长期处于愤怒状态的话，高血压和心脏病就会随之而来。"所以，上帝所说的"爱你的仇人"不仅只是一种道德上的修养，更是在教我们如何才能健康地生活下去。不仅如此，这也是在告诉女人如何使自己更有魅力。因为怨恨，许多女人的脸生出了皱纹，她们表情呆滞，美丽的脸孔变了样子。其实，如果想让女人更美丽，让她心中充满宽容和爱是最好的美容方式，其他的方法连其一半都不如。

如果心中充满怨恨，我们就不会有好的胃口去品尝美味佳肴。《圣经》说："心怀爱心地吃蔬菜，比心怀怨恨吃牛肉要好得多。"

也许，我们确实很难做到像圣人那样，去爱我们的仇敌，但是，你要会爱自己，为了使我们快乐而健康地生活，我们可以去原谅他们、忘记他们，这样做是非常明智的。因为我们不能让我们的敌人控制我们的快乐、健康和外表。莎士比亚曾说："不要因为敌人而燃起怒火，热得灼伤了自己。"有人问艾森豪威尔将军的儿子约翰，将军是否会记恨别人。他骄傲而肯定地回答："不会，我爸爸从来不浪费哪怕一丁点儿时间去想那些自己讨厌的人。"

宽容能使一个人心态平和、安然自乐。一个宽容的女人，不为个人的得失而心潮澎湃、起伏不定，不计较鸡毛蒜皮的小事，不为蝇头小利烦恼，她的内心是从容、达观的。因为宽容，生活变得顺畅，因为宽容，烦恼开始变淡，因为宽容，不再多心、不再怀疑。

不管你是哪一种女人，不管别人怎样对你，你一定要宽容和冷静，不要被外界的流言和猜疑所困惑，不要急于申诉自己的委屈，哪怕很多人怀着误会和讽毒的目光射向你，也不要让心境狭小、睚眦必报成为熄灭我们心灯的阴风。请你也一定报以宽心的微笑。

## 11. 不冲动，冷静面对一切考验

　　世事沧桑心事定，任尔东西南北风。世界上虽沧桑变化，我心事定，无论你怎么变化，我心里有数。的确如此，凡是伟人，定有遇事不慌，沉着冷静的特点，也只有这样，他们才能正确地判断局势，应变局势，取得成就。冷静的心态往往是成功的必要因素。一般来说，人们只要不是处在激怒、疯狂的状况下，都能保持自制并作出正确的决定。健康、正常的情绪，不仅平时给生活带来幸福、稳定、畅快，而且能在大难临头时，帮助你逢凶化吉，转危为安。

　　一位有27年飞行经验的老驾驶员，在介绍他飞行史中最不平常的经历时说：第二次世界大战时，我是F6型飞机的飞行员。一天，我们接到战斗命令，从航空母舰上起飞后，来到东京湾。我按要求把飞机升到离海面300英尺的高度做俯冲轰炸，300英尺在今天也许不算什么，但在当时，这是个很高的高度。

　　正当我以极快的速度下降并开始做水平飞行时，我的飞机的左翼突然被击中，整架飞机翻了过来。人在飞机中，是很容易失去平衡感的，尤其在天和海都是蓝色的时候。飞机中弹后，我需要马上判断我的位置，以便决定我应该向上还是向下操纵我的飞机。在我的飞机中弹的最初一瞬，在那生死攸关的关键时刻，我什么也没有做，没有去碰驾驶舱里任何控制开关，我只是强迫自己冷静、思考，绝不能激动！于是，我发现蓝色的海面在我的头顶上，我知道了自己的确切位置，知道了我的飞机是翻转的。这时，我迅速推动操纵杆，把我的位置调整过来。在那一瞬间里，如果我冲动地依靠我的本能，一定会把大海当作蓝天，一头撞进海里，葬身鱼腹了。

这位飞行员最终感慨道："我的冷静救了我的性命。"

我们这些普通人，在现实生活中，免不了会遭到不幸和烦恼的突然袭击。有一些人，面对从天而降的灾难，处之泰然；也有的人却方寸大乱。为什么受到同样的心理刺激，不同的人会产生如此的反差呢？原因在于是否能够学会冷静应变。

现代医学认为一个人的精神状态和性格特点，同先天遗传因素有一定关系，但是更主要的是由后天的社会环境的影响决定的。面临灾难与烦恼，必须居高临下，反复思考，明察原因，这样能使你很快地稳定惊慌失措的情绪，然后鼓足勇气，扪心自问，我是否已失掉渡过难关的信心了？多去思考诸如此类的问题是冷静应变的首要诀窍。另外要认识到不幸和烦恼并不是不可避免的，也许是自己钻牛角尖，无端地把自己与烦恼绑在一起，折磨自己。

科学研究表明，"入静状态"能使那些由于过度紧张、兴奋引起的脑细胞功能紊乱得以恢复正常，你若处于惊慌失措心烦意乱的状态，就别指望能用理性思考问题，因为任何恐慌都会使歪曲的事实和虚构的想象乘虚而入，使你无法根据实际情况做出正确的判断。当你平静下来，再看不幸和烦恼时，你也许会觉得它实际上并没有什么了不起。正视自己和现实就会发现，所有的恐怖与烦恼只是你的感觉和想象，并不一定是事实的全部，实际情形往往总比你想象的好得多，人所陷于的困境往往来源于自身，对自己和现实有一个全面正确的认识，是在突变面前保持情绪稳定的前提之一。

当你处于困境时，被暴怒、恐惧、忌妒、怨恨等失常情绪所包围时，不仅要压制它们，更重要的是千万不可感情用事，随意做出决定，要多想想别人能渡过难关，我为什么不能冷静应变，调动自己的巨大潜能去应付突变呢？

# 下篇

## 第八章
## 顺应生命的节奏

　　季节的变换、月亮的盈亏是自然的节奏，人的生命如同自然一样有一定的节奏，你必须学习随着生命的节奏起舞，而不是站在那里以不动的姿态和它对峙。

　　如果你被世事困扰，为生活忧虑，你不妨找个舒适的位置坐下来认真地研究一下生活的原貌，当我们全身心处于一种平静的状态时，我们的行为和感觉就不会杂乱无章地发生，而是会如同音乐一样呈现一种和谐的流动，所有的担心、压力和负面思想都从你的意识中悄然退去。

## 1. 一切纷纷扰扰皆是庸人自扰

我小的时候，心中充满了忧虑。我担心会被活埋，我怕被闪电击死，还怕死后会进地狱。我怕一个叫詹姆怀特的大男孩会割下我的耳朵——像他威胁过我的那样，我怕女孩子在我脱帽向他们鞠躬时会取笑我，我怕将来没有一个女孩子肯嫁给我……我常常花几个小时在想这些惊天动地的大问题。

日子一年年过去了，我发现我所担心的事情中，有99%根本就不会发生。现在我知道，无论哪一年，我被闪电击中的机会，都只有三十五万分之一。而活埋，即使是在发明木乃伊以前的日子里——一千万个人里可能只有一个人被活埋。

每八个人里就有一个人可能死于癌症。如果我一定要发愁的话，也应该为得癌症发愁，而不该去发愁被闪电击死或遭到活埋。

事实上，我们很多成年人的忧虑也同样荒谬。如果我们根据概率评估一下我们的忧虑究竟值不值得，我们9/10的忧虑就会自然消除了。

全世界最有名的保险公司伦敦罗艾德保险公司就靠人们的这种对发生率极低又足以令人担心的心理取得成功。它是在和一般人打赌，不过被称之为保险而已。实际上，这是以概率为根据的一种赌博。这家大保险公司已经有200年的良好历史了，除非人的本性会有所改变，它至少还可以继续维持5000年。而它只是将你保鞋子的险、保船的险，利用概率来向你保证那些灾祸发生的情况,并不像一般人想象得那么常见。如果我们查查概率,就常常会因我们所发现的事实而惊讶。比如,如果我知道在五年以内,我就得打一场盖茨堡战役那样激烈的仗,我一定会吓坏了。我一定会想尽办法去增加我的人寿保险费用;我会写下遗嘱,把我所有的财产变卖一空,我会说:"我可能无法活着熬过这场战争。所以我最好痛痛快快地活着。"但事实上,根据平均率,50~55岁之间,每1000人中死去的人数,和盖茨堡战役里16万士兵中每1000人中平均阵亡的人数相等。

一年夏天,我在加拿大落基山区弓湖的岸边遇到了何伯特·沙林吉夫妇。沙林吉夫人是一个很平静、很沉着的妇女,给我的印象是,她从来没有忧虑过。一天晚上,我问她是不是曾因忧虑而烦恼过。"烦恼?"她说,"我的生活都差点被忧虑毁掉。在我学会征服忧虑之前,我在自作自受的苦海中生活了整整11年。那时我脾气不好,很急躁,生活在非常紧张的情绪之下。买东西时我都会发愁——也许房子烧了,也许佣人跑了,也许孩子们被汽车撞死了……我常因发愁弄得冷汗直冒,冲出商店,跑回家去,看看一切是否都好,难怪我的第一次婚姻没有好结果。

"我第二个丈夫是一位律师,也很文静,有分析能力,从不为任何事情忧虑。每当我紧张或焦虑的时候,他就对我说'不要慌,让我好好地想一想……你真正担心的到底是什么呢?我们分析一下概率,看这种事情是不是有发生的可能'。

"记得有一年夏天,我们到落基山区露营。一天晚上,我们把帐篷扎在海拔7000英尺的地带,突然遇到了暴风雨。帐篷在大风中抖着、摇晃着,发出尖厉的叫声。我每分钟都想帐篷要被吹垮了,要飞到天上去了。当时我真被吓坏了,可我丈夫不停地说'亲爱的,我们有几个印第安向导,他们对这儿了如指掌,他们说在山里扎营已有六七十年了,从没发生过帐篷被吹跑的事。根据概率,今晚也不会吹跑帐篷。即使真吹跑了,我们也可以躲到别的帐篷里去,所以你不用紧张'。我放松了精神,结果那一夜睡得很安稳。而且什么事也没发生……'根据概率,这种事情不会发生'，这句话摧毁了我90％的忧虑，使我过去这20多年的生活过得十分美好而又平静。"

乔治·库克将军曾说过："几乎所有的忧虑和哀伤，都是来自人们的想象而并非来自现实。"

当我回顾自己过去的几十年时，我发现我的大部分忧虑也是这样产生的。詹姆·格兰特告诉我，他的经验也是如此。每次当他从佛罗里达购买水果（如橘子）时，脑子里常有些怪念头，像"万一火车失事怎么办""万一水果滚得满地都是怎么办""万一我的车过桥时那桥忽然塌了怎么办"。虽然这些水果都保过险，但他仍然担心火车万一晚点，他的水果卖不出去，他甚至怀疑自己因为忧虑过度得了胃溃疡，因此去找医生检查。大夫告诉他，没有别的毛病，就是过于紧张了。"这时我才明白了真相。"他说，"我开始扪心自问'詹姆，这么多年来你处理过多少车水果'。答案是'大概25000多车吧'。我又问'这么多年里有多少车出过车祸'。答案是'大概有5部'。我接着问'你知道这是什么意思吗？概率是1/5000！那你还有什么好担心的呢'。

"然后我对自己说'桥说不定会塌的'。又问自己'过去你究竟有多少车是因桥塌而损失的'。答案是'一部也没有'。我对自己说：'你为了一座从来也没有塌过的桥，为了1/5000的火车失事，居然会愁得患上胃溃疡，不是太傻了吗'。从此，我发觉自己过去很傻。于是我再也没有为'胃溃疡'烦恼过了。"

美国海军也常用概率所统计的数字来鼓励士气。曾当过海军的克莱德·马斯讲过这样一个故事，当他和他船上的伙伴被派到一艘油船上的时候，他们都吓坏了。这艘油轮运的都是高单位汽油。他们认为，如果油轮被鱼雷击中，他们必死无疑。可是，海军单位立即发出了一些很正确的统计数字，指出被鱼雷击中的100艘油轮里，有60％艘没有沉到海中。而沉下海的40艘里，也只有5艘是在不到5分钟的时间沉没的。"知道了这些数字之后，船上的人都感觉好多了，我们知道我们有的是机会跳下船。根据概率看，我们不会死在这里。"

## 2. 不能改变，就静观尘埃落定

对必然发生的事轻快地接受。就像杨柳承受风雨、水适应一切容器一样，我们也要承受一切不可逆转的事实。

乐于接受不可改变的事实，是战胜随之而来任何不幸的第一步。

我小时候，有一天和几个朋友在一间荒废的老木屋的阁楼上玩。在从阁楼往下跳的时候，我左手食指上的戒指钩住了一根钉子，把我整根手指拉掉了。当时我疼死了，也吓坏了。等手好了以后，我没有烦恼，接受了这个本可避免的事实。

现在，我几乎根本就不会去想，我的左手只有四个手指头。我常常想起刻在荷兰首都阿姆斯特丹一间15世纪教堂废墟上的一行字："事情是这样，就不会是别的样子。"

在漫长的岁月中，你我一定会碰到一些令人不快的情况，它们既是这样，就不可能是别样，我们也可以有所选择。我们可以把它们当作一种不可避免的情况加以接受，并适应它；或者，我们让忧虑毁掉我们的生活。

下面是我喜欢的哲学家威廉·詹姆斯所给的忠告："要乐于承认事情就是如此。能够接受发生的事实，就是能克服随之而来的任何不幸的第一步。"

已故的乔治五世，在他白金汉宫的房里挂着下面这几句话："教我不要为月亮哭泣，也不要因事后悔。"叔本华也说："能够顺从，就是你在踏上人生旅途中最重要的一件事。"

显然，环境本身并不能使我们快乐或不快乐，而我们对周围环境的反应才能决定我们的感觉。

必要时，我们都能忍受灾难和悲剧，甚至战胜它们。我们内在的力量坚强得惊人，只要我们肯加以利用，它就能帮助我们克服一切。

已故的布斯·塔金顿总是说："无论命运为我安排了什么，我都能接受，但除了失明，这是我怎样也受不了的。"

然而，在他六十多岁的时候，他的视力减退，一只眼几乎全瞎了，另一只眼也快瞎了。他最害怕的事终于发生了。

塔金顿对此有什么反应呢？他自己也没想到他还能觉得非常开心，甚至还能运用他的幽默感。当那些最大的黑斑从他眼前晃过时，他却说："嘿，又是老黑斑爷爷来了，不知道今天这么好的天气，它要到哪里去？"塔金顿完全失明后，他说："我发现我能承受我视力的丧失，就像一个人能承受别的事情一样。要是我五个感官全丧失了，我也知道我还能继续生活在我的思想里。"为了恢复视力，塔金顿在一年之内做了12次手术，为他动手术的就是当地的眼科医生。他知道他无法逃避，所以唯一能减轻他受苦的办法就是爽爽快快地去接受它。他拒绝住在单人病房，而住进大病房，和其他病人在一起。他努力让大家开心。动手术时他尽力让自己去想他是多么幸运，"多好呀，现代科技的发展，已经能够为像人眼这么纤细的东西做手术了。"

一般人如果要忍受12次以上的手术和不见天日的生活，恐怕都会变成神经病了。可是这件事教会塔金顿如何忍受，这件事使他了解，生命所能带给他的，没有一样是他能力所不及而不能忍受的。我们不可能改变那些不可避免的事实，可是我们可以改变自己。我自己就试过。

一次，我拒绝接受我所碰到的一个不可避免的情况，结果，我好几夜失眠，痛苦不堪。我让自己想起所有不愿意想的事，经过一年这样的自我虐待，我终于接受了我早就知道的不可能改变的事实。

我并不是说，碰到任何挫折时，都应该低声下气，那样就成为宿命论者了。不论在哪种情况下，只要还有一点挽救的机会，我们就要奋斗。可是当常识告诉我们，事情是不可避免的，也不可能再有任何转机，那么，为了保持理智，我们就不要"左顾右盼，无事自忧"。

写这本书的时候，我曾采访过一些美国著名的商人。给我印象最深的是，他们大都有能力接受无力避免的局面，这样就能过无忧无虑的生活。假如他们没有这种能力，他们就全被过大的压力压垮。下面是几个很好的例子。

创办了遍布全美国的连锁商店的潘尼告诉我："哪怕我所有的钱都赔光了，我也不会忧虑，因为我看不出忧虑可以让我得到什么。我尽可能把工作做好，至于结果就要看老天爷了。"

亨利·福特也告诉我一句类似的话："碰到没法处理的事情，我就让他们自己解决。"

如果我们不吸取这些，而去反抗生命中所遇到的挫折的话，我们就会产生一连串内在的矛盾，我们就会忧虑、紧张、急躁而神经质。

如果再退一步，我们抛弃现实社会的不快，退缩到一个我们自己的梦幻世界里。那么我们就会精神错乱了。

为什么汽车轮胎在忍受许多颠簸后还能在公路上持续使用那么久？开始的时候，人们想过要造一种能抗拒公路颠簸的轮胎，但是不久这种轮胎反而被颠簸成了碎块。后来，人们又造出一种新的轮胎，它能吸收各种各样的压力，即所谓能"接受一切"的轮胎。这就如我们的命运，人生从来都不是一帆风顺的，总要承受这样或那样的挫折和颠簸，我们要做的，就是努力让自己在人生的路程中持续得更久，并学会享受生命的旅程。

"对必然的事，姑且轻快地接受。"这是公元前399年的一句话。但在这个充满风险的世界，今天比以往更需要这几句话。

## 3. 不要给自己念紧箍咒

在现实的生活中，我们每天必须亲自处理各种各样的日常工作，这些工作不仅满足我们生存的需要，同时也给我们带来快乐，但在相当多的情况下，我们其中的一些人却享受不到工作的快乐，而是痛苦于由工作压力带来的种种忧虑。

我曾参与过一项名为"压力下的家庭健康"的调查，在接受调查的20000人中有近85%的人认为，绝对需要学习如何处理压力。根据过去10年美国家庭医师协会的调查估计，一般的病人中，有近3/4具有与压力有关的问题。这样的调查和其他类似的调查统计，引起许多公司机构与企业界领导人的关切，因为在过去的一年里，怠工以及与压力相关的疾病而造成的生产效益低下，已使得他们的公司损失了500亿美元。而且他们相信在两年以内，这种花费会增至750亿美元——平均每位美国的工人要花750美元。家庭与婚姻是受压力影响最严重的领域。一般来说，压力是婚姻问题与人际关系问题的最根本的原因之一。

艾柯森博士在他的一篇医学报告中为我们总结了一些关于工作压力带来的忧虑症状。他仔细地观察他的病人，发现80%的人因为工作的压力产生忧虑，而烦躁和忧虑致使他们的身体经常呈现如下这样一些症状。

情绪：紧张、敏感、多疑、不稳定、焦躁不安、忧虑烦恼、难以放松等。

生理：口干舌燥、心跳急速、异常出汗、肌肉紧绷僵硬、便秘、头痛、失眠、血压升高、全身酸痛、消化系统不良、新陈代谢失调等。

行为：抱怨、争执、挑剔、责备、暴力、滥用药物、生活作息混乱、坐立不安等。

不错，工作的压力是忧虑的主要来源，但忧虑最能伤害到你的时候，不是在你有所行动的时候，而是在一天的工作做完了之后。你是否注意到，当你在工作出现过失或者差错的时候，你害怕别的同事或者上司发现这事时，你心中有着一股怎样强大的压力？这种压力是我们每个人都会有的，因为我们都曾经或多或少地在工作中出现过失误。

在得州举办的成人教育班上，一个叫玛丽·苏伊曼的女士讲述了她一段至今难忘的经历："十年前，我刚刚从佛罗里达州立大学毕业进入一家洗涤品公司销售部工作，当时公司新研制出了一种冰箱除味剂，首先在几家超市做了试销，效果还不错，接着上司肖恩向我布置了新的销售任务——一星期内作出一份销售除味剂的策划案。当时我异常紧张，'我只是个新手，为什么让我来做挑战性这么大，风险又这么高的策划案？为什么肖恩不让已经在这里工作了两年的彼得去做'。在这样的不安中我度过了前两天，我当时真实的感受是，当黎明到来的时候，我迅速起床赶到一个个社区中给每个家庭主妇分发除味剂，然后就在现场统计关于价格啊、包装啊、气味啊等方面的调查结果。到了晚上我面对摆在桌子上的一堆资料开始忧虑'这样能行吗？别的同事是否会取笑甚至在会上反对这种销售方式？成功的概率到底有多少'。整个夜晚就在这样的质疑中迷迷糊糊度过。到了第四天事情开始出现转机，一位退休在家的老教授找到我们公司，急切地问我们的除味剂怎么在超市的货架上找不到。这样简短的一个问题使我打消了忧虑，我自信地告诉肖恩我的策划案已经完成。压力消失了，困扰也不在了，我们成功地推销了新除味剂。"虽然事情时隔10年了，玛丽依然很激动，"可能很多人生活中的忧虑和不快乐来自工作中的压力，其实更多的情况是，工作的压力不是因为工作本身，而是我们自己给自己制造的压力。"

著名的心理学者哈里·赖文生博士谈到我们对自己将来的光明前景的期待的问题。他说，我们总是尽力使每一件事尽善尽美，因为我们希望能活得更像心目中的自己。但在实际状况与自我期望之间总是有一段距离，这距离就是引起压力的根源，也称为自我的压力。因此，理想中的我是导致潜在问题的原因。

前几年一个经常和我联系的商人谈到了他在这种压力中挣扎的经验。他说："许多年前我的公司曾经问过我，是否愿意考虑调职到日本。那真是表现自我的好机会，但我知道，若我接受，很可能会造成家庭问题。我已因职业的关系，而搬家至四个不同的城市。某一次搬家之后，当时我那15岁的大儿子，离家出走了几天，以示抗议。我知道我不应再考虑为事业而搬家，因我另外一个儿子，那时也已经15岁，正值青春期的危险年龄。但我仍让上司将我列入考虑人选中达六周之久。在这段时间里，我说'我不会自我推荐的，上帝啊，我会让别人来决定'。我的太太琼说'我祷告，求神指示我们'。而我知道，这是她表示不愿意去的方式。我那15岁的儿子则坦白地对我说'爸爸，我不要再搬家'。在六周后事情决定了，是由另一位同事去。虽然我嘴里说'那好啊'，但两天以后，我患了肠疾，而且并没有立刻就好，就在那个时候我才明白我的挣扎有多严重。病了四天后，半夜肚子不舒服使我醒来，我轻声地祷告'我现在才知道我一直在苦苦挣扎，请赦免我只想到自己的需要。请医治我与家人的关系……并且也请医治我身体上的不舒服'。那夜我也不必再爬起来了，因为我的罪已得赦免，而我的难处也随着紧张一并消失。结果我得到宝贵的教训，当一个人不顾一切要得到一个工作上的地位，而甘冒失去家庭和邻里的和谐关系这种风险时，就会丧失分辨是非黑白的能力。"

在忙碌的生活中，自我管理的能力实在很重要，而正确处理理想的自我便是其中重要的部分。或许我们生命中有90%的时间是花费在自己的事情与追逐自我的理想中。我们只为自己着想，因为那会使我们陷在自我的捆绑中。古罗马有这样一句谚语："不是负担，而是过重的负担杀死熊。"换句话说，是每日的压力，加上过多的焦虑伤害了我们。

## 4. 不要总是被金钱所牵绊

假如我懂得如何解决每个人的财务烦恼，我就不需要写这本书了，而是应该坐在白宫内当财务部长。但是，我能够在此提供一些小的贡献：我可以引述各方面专家的权威看法，并提出一些切实可行的建议，推荐对你有益的书籍和小册子，使你得到额外的指导。

《妇女家庭月刊》曾作过一项调查，结果显示，我们70%的烦恼都跟金钱有关。盖洛普民意测验协会主席盖洛普·乔治先生说，从他所做的研究中可以看出，大部分人都相信只要自己的收入增加10%，就不会再有任何财务方面的困难了。一些例子也确实证实了这句话的正确性，但令人惊讶的是，有更多例子则并不尽然。

我在撰写本章时，曾向预算专家爱尔茜·史塔普里顿夫人请教。她曾多年担任华纳梅克百货公司在纽约、吉姆贝尔两地的财政顾问，也曾以个人指导员的身份，帮助那些为金钱而烦恼的人。她帮助过各种阶层的人，从年薪不到1000美元的行李员，至年薪10万美元的公司经理。她这样对我说："对大多数人而言，多赚一点钱并不能解决他们的财政烦恼。"

事实上，我经常看到，收入增加之后毫无益处，只是徒然地增加开支、增加烦恼。她继续说道："使多数人感觉烦恼的，并不是他们没有足够的钱，而是不知道如何支配手中已有的钱！"你对最后那句话表示不屑，对吗？好吧，在你再度表示轻蔑之前请记住，史塔普里顿夫人并没有指"所有的人"，她说的是"大多数人"。

看到本文后，也许很多读者会说："我真希望作者那小子来试试看：拿我的周薪，付我的账款，维持我应有的开支。如果他来试一下，我保证他会知道我的处境而不再说大话。"

说得不错，我也有过财政困难时期。我曾在密苏里的玉米地和谷仓里，做过每天10个小时的体力活。我辛勤地工作，直至腰酸背痛。我当时所做的那些苦工，并不是一小时1美元的工资，而是每小时5美分。

我很清楚20年都住在一间没有浴室、没有自来水的房子里是什么滋味；明白睡在一间零下15度的卧室中是什么滋味；知道为省10美分，穿有洞的鞋子、打补丁的裤子徒步数公里的滋味；我也尝过在餐厅里点最便宜的饭菜、没有钱把裤子送到洗衣店而压在床垫下的滋味。然而，尽管在那段艰苦的岁月里，我仍设法从收入中省下几个铜板留作备用，否则，我心里就会不安。

由于这段经验，我终于明白，如果我们希望避免负债以及金钱上的烦恼，我们就必须和公司一样，拟定一个收支的计划，然后根据计划来花钱。然而，我们中的大多数人都做不到。

有件事你必须明确：当你面对自己的金钱时，就等于是在经营自己的一份事业。而你怎样处理你的金钱，实际上也的确是你"自家"的事，别人无法帮忙。

不过，什么是处理我们金钱的最佳原则呢？我们怎么展开预算跟计划呢？下面有一些可供参考的规则。

一、把消费款项记下来

去搞个本子来开始记录。预算专家给我们的建议是，至少在开始的一个月要把我们所支出的每一分钱准确地记录下来。假如可能的话，做三个月的记录也比较好。这只是提供给我们一个明确的记录，使我们明白钱用到哪儿去了，然后可以依此作一个推算和预想。

你清楚你的钱花到哪里去了吗？清楚。嗯，或许真的如此，但就算你知道，一千个人当中也最多只能找到一个你这样的人。一般来讲，当人们花费几小时的时间把事实和数字老老实实地记录在纸上后，他们会大叫："我的钱难道就是这样花没了？"他们真是不敢相信事实的真相。你是不是也这样？肯定差不多。

史塔普里顿夫人跟我说，假如有两个家庭是邻居，住同样的房子，同样的街区，家里子女的人数一样，连每个月的收入也相同，但是他们的消费预算却会截然不同。为什么呢？因为人的性格和需求是大相径庭的。她说，预算必须按照一个人的性格和需要来指定，做预算的目的，并不是要把所有的快乐和趣味从生活中抹掉，而是给我们带来物质的相对安全并免于毫无意义和永无休止的忧虑。史塔普里顿夫人告诉我："遵守预算来生活的人比较欢乐。"

二、学习怎样聪明地花钱

我的意思是，学习怎样使你的金钱用在刀刃上。所有大公司都设有专门的采购人员，他们什么也不做，只要设法替公司买到最合理最实用的东西。而现在你身为个人事业的女主人，你为何不如此做呢？

## 三、不要因你的收入猛增头痛不已

史塔普里顿夫人跟我说,她最不想的就是被邀请去为年薪5000美元的家庭拟定财务预算。我问她为什么会这样。她说:"因为年薪5000美元似乎是极大多数的美国家庭梦寐以求、努力奋斗的目标。他们经过很多年的艰苦奋斗达到这一收入水平时,他们以为这一辈子已经大功告成了,于是开始大肆消费。等感觉到不对劲的时候,他们已进入个人财务亏空阶段。"

这是非常自然的。我们都希望获得更高档次的生活享受。从家庭生活的长远看到底哪一种方式会带给我们更多的现实保证和幸福,强制自己执行预算去生活,还是让催账单塞满你的信箱,或者债主狂踢你家的大门?

## 四、投几份保险

对于各种各样的意外、不幸,都有小额的保险金可供投保。我并不是建议你把诸如从浴缸里摔倒直到染上德国风疹的每件事都拿去投保,而是非常郑重地建议,你不妨为自己投保一些主要的意外险,否则,万一出事,不仅花钱,也极令人烦恼。而这些保险的费用都不算高。

## 五、教育子女重视金钱

我永远都不会忘记我在《你的生活》所读到的一篇文章。作者史带拉·威斯顿·托特叙述她怎样教导她的小女儿养成对金钱负有责任的好习惯。她从银行里取得一本独特储钱本,交给她只有9岁的女儿。每当小女儿拿到每周的零花钱时,就将零花钱"存进"那本储钱本中,妈妈则自任银行的"出纳员"。然后在那几个星期之中,每当她需使用里面的钱时,就从本子中"取出",把余款数目仔细记录下来。小女孩不但从其中得到许多别的孩子无法体会的乐趣,而且也学会了应该对金钱负责任。

## 六、家庭主妇可在家中赚一点额外收入

假如在你聪明地拟好精密的开支预算之后,你发现仍然无法填补开支,那么你能够选择两件事之一:你能够谴责、忧愁、担心、埋怨,还有

你想办法赚一点额外的钱。该怎么做呢？想赚钱的只需找到人们最需要而当前供不应求的东西。家住纽约杰克森山庄的娜丽·史皮尔夫人就是这么想也是这么做的。在1932年，她自己独住在一间有三房的公寓楼里，她的丈夫已经离开人世，两个儿子都已成家。有一天，她到一家饭店的柜台买冰激凌，发现柜台同时也卖水果饼，但那些水果饼看起来实在有点糟糕。她问老板愿不愿向她买一些真正的家制水果饼。最终他订了两块水果饼。在那个老板向她预订了两块水果饼之后，她马上向邻居请教了烘制苹果饼的方法。结果，那家餐厅的顾客对最初的两块水果饼——苹果饼和柠檬饼——大加称赞。餐厅第二天就预订了五块饼，紧接着其他餐馆也开始订货。在两年之内，她就成为了每年烘制5000块饼的家庭主妇。

意料之中的是，对史皮尔夫人的烤饼的需求量越来越大，她只能把工作的地点搬出厨房，租下一间店面，雇了两个少女帮忙。制作水果饼、蛋糕、卷饼。在第二次世界大战期间，人们排队一个多小时等着买她所烘制的食品。

"我一生中从来没有这样欢乐地生活过，"史皮尔夫人说，"我一天在店里工作12~14小时，但我从不觉得疲倦，因为对我来说，那根本不算是工作。那是生活中的奇妙的体验。我只是尽我的能力和技巧使周围的人们更加兴奋，我非常忙，根本没有多余的时间忧虑。我的工作弥补了妈妈和丈夫离开人世后留下的情感的空白。"

我请教史皮尔夫人，其他烹调技术比较高超的家庭主妇，是否也能够在空闲的时间以同样的办法，在一个一万人以上的小城市里赚取额外的收入。她回答说："完全可以，她们确实可以这样做。"

娜拉·史琳达夫人也有相同的想法。她住在一个三万人居住的小镇——伊利诺依州梅梧市。她就在厨房里以一毛钱成本的原料开创了事业。她的丈夫生病了，她必须赚点额外收入。但怎么办呢？没有经验和技术，没有启动资金，只不过是一名家庭主妇。她从一枚蛋中取出蛋清加上一点糖料，在厨房里做了一些饼干，然后她捧了一盘饼干站在学校附近，将饼干卖给正放学回家的小孩子们，一块饼干卖一分钱。"孩子们，明天多带点钱来，"她说，"我天天都会带着好吃的饼干在这儿等你们。"第一周，她不仅赚了四元一角五分钱，还为生活带来了不一样兴趣。她为自己和孩子们带来了欢乐，如今没有多余的时间去忧愁了。

这位来自伊利诺依州的冷静沉着的家庭主妇非常有野心，她决定向外扩展——找个代理人在人声鼎沸的芝加哥出售她家制作的饼干。她羞怯而紧张地跟一位在街头卖花生的意大利生意人接洽。他耸耸肩膀，表示拒绝，说他的顾客要的是花生，不是她的饼干。四年后，她在芝加哥开了第一家饼干店，店面只有8尺来宽。她晚上制作饼干，白天摆出来卖。这位从前非常羞涩和胆怯的家庭主妇，从她厨房的炉子上开始，建立了自己的饼干工厂，如今已拥有19家连锁店——其中18家都设在芝加哥最繁华的鲁普区。

我在此想说明一点，娜丽·史皮尔跟娜拉·史琳达不为金钱的烦恼所束缚，反而采取积极的行动。她们以最小的方式从厨房出发——没有租金，没有广告成本，没有酬劳。在此情况下，一名妇人要被财务烦恼拖到崩溃，大概是不会发生的事情。

女性理财是为了得到幸福，如果没有好的理财习惯，即使有万贯家财也终有一天会花得精光。理财是女人的必修课，女人养成一个好的理财习惯，是一辈子受益无穷的事情。同时我们还应该树立正确的金钱观，不要成为金钱的奴隶，也不要因为金钱而伤害了自己的身体健康以及家庭的幸福。

## 5. 学会给你的生活留白

人生如梦，岁月匆匆，在有限的生命里，一个人如果总是被名与利填满，忽视了健康、快乐、家庭、朋友，甚至让生命支离破碎在追名逐利中，那就将如纪伯伦所说，我们已经走得太远，以至于忘记了为什么而出发。给生命留白，始终乐观豁达地面对生命的潮起潮落，也许，我们的生命会更精彩。

很多女性，特别是那些职业女性，她们每天的日程表都被安排得满满当当的。她们需要很早起来，因为做早餐是她们一天的第一项工作。接着，她们还要收拾餐具，然后再匆匆跑出家门。在单位熬了8个小时之后，她们拖着疲惫的身子回家了，可是依然不能休息。因为她们要做晚饭、收拾房间，有时还要洗衣服。这些女士大概是世界上最忙的人了，因此在她们的时间观里根本没有闲暇时间这个概念。当然，快乐这个词更加不会和她们扯上任何关系。

有一次，我到巴黎去拜访我的一个远房表姐。我们已经有很多年没见了，表姐是在我12岁的时候嫁到巴黎的。表姐对我的到来感到非常高兴，还吩咐仆人要好好招待我。我发现表姐消瘦了许多，而且眼睛里也没有了昔日的光彩。我也很长时间没见她了，所以有很多话想要和她说。可是，表姐似乎并不愿意，因为我的到来打乱了她原本的计划。

我到她家的时候已经是傍晚了，可表姐似乎正打算出去。一阵寒暄之后，表姐对我说："戴尔，你在家里先休息一下好吗？我必须得走了，因为我要去参加一个很重要的课程。"我点了点头表示理解。于是，表姐匆匆忙忙地跑出了家门。

吃完晚饭后，我和表姐家的老仆人聊起天来，问他表姐最近过得如何。老仆人告诉我，表姐最近过得很累，因为他丈夫已经失去了那份体面的工作。现在，她不得不和丈夫一起承担养家糊口的责任。虽然她不需要做家务，但是她总是会利用一切时间去赚钱。刚才她就是跑去给一个小女孩上钢琴课。我觉得很吃惊，就问："难道我表姐没有闲暇时间来放松自己？"老仆人叹了口气说："如果睡觉不是必须要做的事情，恐怕太太会选择一天工作24个小时。"

这下我终于明白为什么我觉得表姐变了许多，原来这一切的罪魁祸首就是"没有闲暇时间"。亚里士多德曾经说过:"人唯独在闲暇时才有幸福可言,恰当地利用闲暇时间是一生做人的基础。"

的确,闲暇时间对于我们每一个普通人来说都是至关重要的,各位女士也同样不例外。新泽西公立医院的精神科主治医师约翰·克雷曾经说:"人的精神如果总是处于紧张状态的话,很容易导致各种精神疾病的产生,而合理充分地利用闲暇时间则是缓解精神紧张的最佳方法。随着社会环境的变化,人们面临的生存压力也越来越大,因此很多人开始忽视闲暇时间。他们把享受闲暇时间看成是一种浪费生命的行为,认为那种做法会让自己陷入困境。实际上,为了能够适应整个社会环境,人们必须学会给自己减压,也必须让自己得到放松。否则,压力会让你精神衰弱、情绪紧张,继而会剥夺你的快乐和幸福。"

美国国家疾病研究中心的研究人员经过研究发现,一个人每天至少需要有1到3个小时的时间来做一些没有压力,轻松愉快的事情。如果没有这1到3个小时,那么人就容易变得焦躁不安、精神脆弱,甚至还会引发自杀倾向。此外,如果人的压力长期不能得到释放,那么就很容易给人造成心理上的负担,从而让人产生疾病,诸如胃溃疡等。而这些疾病其实是完全可以避免的,因为它们来自病人的心理。

是的,那时候的我也不知道闲暇时间的重要性。为了实现自己的目标,我需要每天查找大量的资料,同时还要抽时间拜访很多人。我每天的工作时间超过了15个小时,同时还要再拿出一到两个小时来备课。我真不知道自己当时是怎么过来的,只记得那时的我没有一天感到快乐。

如果我能够在那时想办法让自己拥有点闲暇时间,相信我也不会感到那么累。同时,我必须承认,那时候我的事业开展得并不顺利,因为我经常会发昏不知道自己在做什么。这些责任都应该归咎于无休止地工作,要是我能早一点领悟,说不定会做得更漂亮一些。

所以,不管你身上的担子有多重,也不管你每天的工作有多忙,善待自己,要学会给自己松绑,给忙碌惯了的生活,来杯下午茶。生活需要留白,婚姻中也要学点"留白"的艺术,其实夫妻亲密应有"间"。现代人所谓的压力太大，多半是自己不会调适生活，没有自己的爱好之花，点缀在生活这件衣衫上。让人生多点留白，一张一弛间获得一种平衡。

留白，是一种个性的从容，是一种生活的智慧。忙碌的工作和生活常常会遮蔽我们的心灵，以至于失去本来的自己。要知道，生活虽然是为了求生，更是为了求美。不管生活如何复杂，我们一定要悠然自适，找时间平心静气地坐下来，喝一杯咖啡涤荡心灵的蒙尘，听一曲老歌回味过往的欢畅，读一本好书润泽精神的枯涩，让自己的心真正快乐起来。心灵世界"留白"了，我们的胸襟才会开阔，才会逐渐体味到生命如此美好。

## 6．找到生命的支点

在他的提琴完全定弦之前，大音乐家奥尔·布尔是不会在公众面前演奏的。如果一根弦松了一点儿，即使这种不和谐只有他一个人注意到了，他也必定会为他的提琴定弦，他可不管这需要多长时间，他也不管他的听众是如何地骚动不安。而一个蹩脚一些的音乐人是不可能这么精益求精的。他可能会对自己说："即使一根弦松一点儿也无关紧要，我将弹完这支曲子。除了我自己，没有人会察觉出来的。"

一些伟大的音乐家说，没有什么东西比演奏一件失调的乐器，或是与那些没有好声调的人一起演唱，更能迅速地破坏听觉的敏感性，更能迅速地降低一个人的乐感和音乐水准的了。一旦这样做以后，他就不会潜心地去区分音调的各种细微差异了，他就会很快地去模仿和附和乐器发出的声音。这样，他的耳朵就会失灵。要不了多久，这位歌手就会形成一种唱歌走调的习惯。在人生这支大交响乐中，你使用的是哪种专门的乐器，无论它是提琴、钢琴，还是你在文学、法律、医学或任何其他职业中表现的思想、才能，这些都无关宏旨，但是，在没有使这些"乐器"定调的情况下，你不能在你的听众——世人面前开始演奏你的人生交响乐。无论你做什么事情，都不要玩得走样，都不要唱得走调或工作失调，更不要让你失调的乐器弄坏了耳朵和鉴赏力。即使是波兰著名钢琴家、作曲家帕代莱夫斯基那样的人，也不可能在一架失调的钢琴上奏出和谐、精妙的乐章。

心理失调对工作质量来说是致命的。这些极具毁灭性的情感，比如担忧、焦虑、仇恨、忌妒、愤怒、贪婪、自私等，都是工作效率的致命敌人。一个人受任何这些情感的困扰时，他就不可能将他的工作做得最好，这就好像具有精密机械装置的一块手表，如果其轴承发生摩擦就走不准一样。而要使这块表走得很准，那就必须精心地调整它。每一个齿轮、每一个轮牙、每一根石英轴承都必须运转良好，因为任何一个缺陷，任何一个麻烦，任何地方出现摩擦，都将无法使手表走得很准时。人体这架机器要比最精密的手表精密得多。在开始一天的工作之前，人这架机器也需要调整，也需要保持非常和谐的状态，正如在演出开始以前需要将提琴调好一样。

你是否见过洗衣店里的转筒洗衣机？它刚开始旋转时，声音极为颤抖，似乎它要变得粉碎一般，但是，渐渐地，随着转速的加快，它的声音变得越来越微小，当它的转速达到最快时，这架机器的声音就很小。一旦它达到了完美的平衡，什么事情也扰乱不了它，而在它开始旋转之前，哪怕是一件极小的东西也能使它震颤、抖动不已。

一些鸡毛蒜皮的小事能使一个思想状况不佳的人烦恼不已，但却根本无法影响一个思想沉着、镇定自若的人。即使是出了大事，即使是恐慌、危机、失败、火灾、失去财物或朋友以及各种各样的灾难，都不可能使他的心理失去平衡，因为他找到了自己生命的支点——心理平衡的支点，因此他不再在希望和绝望之间摇摆。

在人生这支大交响乐中，无论你使用的是哪种专门的乐器，提琴、钢琴，你都要定好你的演奏基调，别让外在的噪声和打扰控制你的内心。

## 7．花点时间调整自己

和谐是一切效率、美好和幸福的秘密所在，并且，和谐能使我们自己和上帝保持一致。和谐意味着一切心理功能的绝对健康。沉着、安定、和蔼与好的脾气，往往能使我们的整个精神系统、我们所有的身体器官与新陈代谢过程保持协调，这种和谐往往因摩擦冲突而受到破坏。人类的身体像一部无线电报机。根据他思想和理念的性质，他不断地发出平和或混乱的信息。这些信息以光速飞向四面八方，这些信息往往也能找到它们自己的知音。

一个处于永恒和谐之中的心灵平静的人是不可能有任何灾难的，他也不可能恐惧灾难，因为他知道自己处于上帝那双充满爱意的大手的庇护下，因此，什么也不可能伤害到他。因为他是按照永恒的真理立身、行事、处世的。这样一个极其平静的心灵宛如深海之中岿然不动的一座巨大冰山。它嘲笑洋面上击打它身侧的汹涌波涛和狂风暴雨。这些汹涌的怒涛和狂风暴雨甚至连使它产生恐惧也不能，因为它处于深海之中的巨大冰块是平衡的，这种平衡能使它平静地、不受阻碍地稳稳漂流。

很奇怪，许多在其他一些事情上非常精明的人，在保持自身和谐这一重大精神事务上却往往非常短视、无知和愚蠢。许多白天历经疲倦和失调的上班族到了晚上发现自己简直完全累垮了。这种人如果在早上上班之前舍得花一点儿时间好好地调整自己，那他们就会事半功倍，他们回家时就会依然精神焕发。

如果一个早上去上班的人感到与每一个人都不一致、都不协调，如果他对生活，特别是对那些他必须应付的人和事存在一种抵触心态的话，他是不可能收到事半功倍的效果的。因为他的大部分精力都白白浪费掉了。

从没有试着去调整自己的人不可能意识到，早晨上班之前好好地调整自己会带来巨大的好。一个纽约的生意人最近告诉我说，每天早晨在使自己的精神、思想和世界保持极好的协调之前，他是不会允许自己去上班的。如果他感到自己有点儿忌妒他人或是内心不安，如果他感到自己有些自私和不公正，如果他不能正确对待他的合作伙伴或雇员，他就绝不去上班，直到他保持协调，直到他的思想清除了任何形式的混乱。他说，如果在早晨去上班时自己对待每一个人都有一种正确心态，那他的整个一天都会过得很轻松、很惬意。他还说，过去凡是心态混乱的情形时去上班，他都不可能有像心态和谐时那样好的效果，他容易使周围的人不快，更不要说使他自己疲惫不堪了。

许多人之所以过着一种忧郁、贫乏的生活，原因之一便是他们不能从那些使自己精神失调、恼怒、痛苦和担忧的事情中超越出来，因而他们无法使自己的精神获得和谐。

## 8．大胆地走出去

我们的社会有一种疾病愈来愈普遍，那就是孤独感。

20世纪最流行的疾病是孤独。用大卫·里斯曼的话来说，"我们都是'寂寞的一群'。由于人口愈来愈增加，人性已汇集成一片汪洋大海，根本分不清谁是谁了……居住在这样一个不拘一格的世界里，再加上政府和各种企业经营的模式，人们必须经常由一个地方换到另一个地方工作——于是，人们的友谊无法持久，时代就像进入另一个冰河时期一样，使人的内心觉得冰冷不已。"

5年前，我的一位朋友失去了自己的丈夫，她悲痛欲绝，自那以后，她便和成千上万的人一样，陷入了一种孤独与痛苦之中。"我该做些什么呢？"在她丈夫离开她近一个月之后的一个晚上她跑来向我求助，"我将住到何处？我还有幸福的日子吗？"

我极力向她解释，她的焦虑是因为自己身处不幸的遭遇之中，才50多岁便失去了自己生活的伴侣，自然令人悲痛异常。但时间一久，这些伤痛和忧虑便会慢慢减缓消失，她也会开始新的生活，在痛苦的灰烬之中建立起自己新的幸福。

"不！"她绝望地说道，"我不相信自己还会有什么幸福的日子。我已不再年轻，孩子也都长大成人，成家立业。我还有什么地方可去呢？"可怜的妇人是得了严重的自怜症，而且不知道该如何治疗这种疾病。好几年过去了，我发现朋友的心情一直都没有好转。

有一次，我忍不住对她说，"我想，你并不是要特别引起别人的同情或怜悯。无论如何，你可以重新建立自己的新生活，结交新的朋友，培养新的兴趣，千万不要沉溺在旧的回忆里。"她没有把我的话听进去，因为她还在为自己的命运自怨自艾。后来，她觉得孩子们应该为她的幸福负责，因此便搬去与一个结了婚的女儿同住。

但事情的结果并不如意，她和女儿都面临一种痛苦的经历，甚至恶化到大家翻脸成仇。这个妇人后来又搬去与儿子同住，但也好不到哪里去。后来，孩子们共同买了一间公寓让她独住，这更不是真正解决问题的方法。

有一天她对我哭诉道，所有家人都弃她而去，没有人要她这个老妈妈了。这位妇人的确一直都没有再享有快乐的生活，因为她认为全世界都亏欠她。她实在是既可怜，又自私，虽然现今已61岁了，但情绪还是像小孩一样没有成熟。

许多寂寞孤独的人之所以会如此，是因为他们不了解爱和友谊并非是从天而降的礼物。一个人要想得到他人的欢迎，或被人接纳，一定要付出许多努力和代价。要想让别人接纳喜欢我们，我们需要花费一点心力。爱情、友谊、快乐都不是一张契约就能规定的。我们要沉着面对现实，无论是死了丈夫，妻子，活着的人必须快乐地活下去。但他必须明白，幸福不能依靠别人的施舍，而需要自己努力争取。

让我们再看一个故事。

一艘正在地中海蓝色的水面上航行的游轮，上面有许多正在度假中的已婚夫妇，也有不少单身的未婚男女穿梭其间，个个兴高采烈，随着乐队的拍子起舞。其中，有位明朗、和悦的单身女性，大约60来岁，也随着音乐陶然自乐。这位上了年纪的单身妇人，也和我的那位朋友一样，曾遭丧夫之痛，但她能把自己的哀伤抛开，毅然开始自己的新生活，重新开始生命的第二个春天，这是经过深思之后所做的决定。

丈夫曾是她生活的重心，也是她最为关爱的人，但这一切全都过去了。幸好她一直有个嗜好，便是画画。她十分喜欢水彩画，现在更成了她精神的寄托。她忙着作画，哀伤的情绪逐渐平息。而且由于努力作画，她开创了自己的事业，使自己的经济能完全独立。

有一段时间，她很难和人们打成一片，或把自己的想法和感觉说出来。因为长久以来，丈夫一直是她生活的重心，是她的伴侣和力量。她知道自己长得并不出色，又没有万贯家财，因此在那段近乎绝望的日子里，她一再自问：如何才能使别人接纳她，需要她。

她后来找到了自己的答案——她得让自己成为被人接纳的对象。她得把自己奉献给别人，而不是等着别人来给她什么。想清了这一点，她擦干眼泪，换上笑容，开始忙着画画。她也抽时间拜访亲朋好友，尽量制造欢乐的气氛，却绝不久留。不多久，她开始成为大家欢迎的对象，不但有朋友邀请她吃晚餐，或参加各式各样的聚会。她还在社区的会所里举办画展，处处给人留下美好的印象。

后来，她参加了这艘游轮的"地中海之旅"。在整个旅程当中，她一直是大家最喜欢接近的人。她对每一个人都十分友善，但绝不紧缠着人不放。在旅程结束的前一个晚上，她的舱旁是全船最热闹的地方。她那自然而不造作的风格，给每个人留下了深刻印象，并让人愿意与之为友。

从那时起，这位妇人又参加了许多类似这样的旅游。她知道自己必须勇敢地走进生命之流，并把自己贡献给需要她的人。她所到之处都留下友善的气氛，人人都乐意与她接近。

# 下篇

## 第九章
## 为你自己的幸福负责

　　幸福究竟为何,每个人对于幸福的体会都不会相同。归根结底,幸福是奇妙无穷的感觉,是由内而外的那种带来灵魂充实与喜悦的秘密,是耕耘之后的一种收获!它不需要表白,更不是用来炫耀的,它是用来静静感受的,就像欣赏一朵悄然绽放的花朵,不经意间嗅到一股淡淡的清香。

　　对于人们而言,没有上天安排好的道路,更没有天上掉下来的幸福。想要幸福?很简单。先向你和你的生活深深地道一声感谢,然后用淡定的心态接纳你喜欢的,用淡定的智慧改变你不喜欢的。鼓起生命的风帆,用信念和行动对进入我们生命中的人、事、物负起全部的责任。

## 1. 拿三分之一的时间爱自己

　　作为女人，要想优雅地行走在世间，就要活得理智。绝不能用全部的心思来爱一个男人。要用三分之一的时间来爱男人，用三分之一的时间来爱生活，再用三分之一的时间来爱自己。

　　可现实生活中，又有多少的女人会用一生三分之一的时间来爱自己呢？哪怕四分之一或者五分之一？

　　女人的爱通常被看作是无私的，可以为家庭、为社会、为他人付出自己的全部。作为家庭主妇，她天天为生活而操劳；作为妻子，她肩挑责任，陪伴双亲，安抚老人；作为母亲，她饱蘸心血，如痴如醉地诠释着母爱……

　　在这无怨无悔的付出中，岁月一天天流逝，不知道什么时候女人的身材开始变得臃肿，容颜不再焕发，脸上有了暗斑，眼角有了皱纹，双手也开始变得粗糙，而且在言语上也开始没有了顾忌，有时候会为了孩子不听话或者鸡毛蒜皮的小事情而唠叨不已……

　　终于有一天，女人发现爱人注视自己的目光越来越少，而且又听到外面的风言风语，才恍然明白：在人生的旅途中没有人可以陪伴你走完一生，除了你自己！因此，女人千万不要无私地把爱全部都放在别人身上，这样看似成了好女人，但最终只会苦了自己，而应该拿出一点点时间来爱自己，爱自己的容颜，也要爱自己的身体，唯其如此，生活才能多一份信心与勇气，少一份无奈与孤独。

在人生的旅途中没有人可以陪伴你走完一生，除了你自己！因此，女人一定要学会爱自己，只有这样，生活才会多一份信心与勇气，少一份无奈与孤独。但爱自己绝非是苟且放纵，孤芳自赏。看那深谷的幽兰，即便无人采摘，甚至看不见自己水中的倒影，它亦会开出最美的花，弥漫最幽雅的清香，千百年来，花开花落，悠然自得……

女人要学会爱自己，必须要先了解自己、相信自己，而没有必要过于自谦。不论自己活得伟大还是渺小，你都要相信，你是唯一的，你是一个有价值、值得爱的人；也不论别人怎么看你，你都要骄傲地挺胸抬头往前走，以自己特有的姿态去赢得世人注视的目光。这样你就会觉得自己是那样地受到上天的恩宠，是那样幸福地生活在这个世界上。

女人要学会爱自己，就应该懂得欣赏自己的外表。女人常常通过文学影视作品中的人物来审视自己，通过现实周围的人士来对照自己，并且总是在望洋兴叹式的感慨之中，盲目地东施效颦，或消极地自惭形秽，而很少主动地去欣赏自己。要知道，每个女人都是上帝派往人间的天使。

女人爱自己，不仅仅是爱自己的外表，还应该让自己的头脑也丰富起来：到大自然中去，让心感受年轻时的浪漫；到图书馆去，汲取丰富的知识，世界之窗不仅仅为男人开启……只有这样，你才能永远拥有爱。千万不要等到老了以后才发现，自己不知在什么时候已被丢掉；也不要在男人抛弃你的时候才发现自己真的已衰老；更不要到孩子问起他们想问的东西而妈妈什么都不知道时，才后悔自己曾经的知识都已经忘掉。

女人要学会爱自己，也要学会接纳自己、原谅自己。印度的奥修说："学习如何原谅自己。不要太无情，不要反对自己。那么你会像一朵花，在开放的过程中，将吸引别的花朵。石头吸引石头，花朵吸引花朵。如此一来，会有一种优雅的、美妙的、充满祝福的关系存在。如果你能够寻得这样的关系，那将升华为虔诚的祈祷、极致的喜乐，透过这样的爱，你将领悟到神性。"

女人要学会爱自己，就千万不能放弃自己。女人在结婚以后，往往会为了爱丈夫和孩子，放弃自己的爱好，放弃自己的朋友，放弃自己的事业，放弃一次次能让自己发展的机会……于是，丈夫在进步，孩子在进步，女人则在退步，当距离拉大的时候，女人的爱，女人的家还能继续朝前走多远？当然，这并不是说女人不应该为爱付出，但女人在选择为了爱而放弃的时候，记住，千万别放弃自己，保持自己的美丽，丰富自己的知识，给自己一个发展的空间，让自己也和丈夫与孩子一起成长，共同进步，携手创造明天，这样的爱才牢固。

　　女人要学会爱自己，就要多给自己美好的憧憬。在人生路途发生巨大转折的时候，在最痛楚最无助最孤独最无援的时候，在必须自己独走夜行路的时候，在必须独自承担压力的时候——女人应该给自己一个灿烂的笑容，给自己一个美好的憧憬，坚信在那遥远的灯火阑珊处，必然有一个"他"会向我们招手。唯有如此，我们才能走过月光如水、鸟语如歌的朝朝暮暮，寻找到属于自己的蓝天与白云。

　　女人，抽点时间出来做你喜欢做的事情，这也是爱自己的一个方式。也许在求学时代，你有一些美丽的梦想，那么现在就给自己一些空间和时间，去实现它们吧，这样你会很快乐、很幸福。

　　当然，我所说的爱并不是苟且放纵，自命不凡，而是接受自己、满怀感情地善待自己，活出自己的精彩，不依赖任何人生活，无论是精神还是物质，都能保持独立。

　　女人往往把爱情看做生活的全部，在寻找和等待自己的白马王子时却常常迷失了自己。女人开始刻意地装扮自己，开始挑剔自己的脸蛋和身材，为自己没有才华和学历而感到羞耻，甚至对自己的小习惯都厌恶至极，看到容貌胜过自己的女人会生出一些酸酸的醋意。结了婚之后更是忘记自我，柴米油盐酱醋茶是永远的交响曲。直到有一天，她在镜子中看到那一缕缕的白发和脸上如同刀刻的皱纹，刹那间惊醒。

　　女人如花，无论二八妙龄还是徐娘风韵，她们始终是亮丽之花，是空谷幽兰更是暗香浮动的芙蓉。女人在生活与岁月中慢慢将自己打磨，在泪水与伤害中逐渐成长，当有一天她领悟了生命的真谛时，她的爱情也随之来到，女人要爱自己，好好地照顾自己，让自己变得优雅而成熟，悉心地经营自己的美丽，在生活中找到属于自己的位子！

希望有一天，所有的女人都可以很平静地对自己也对别人说，没人爱我没关系，我爱我自己，生活因我而美丽！

## 2．假如上帝的柠檬太苦涩

贝多芬的许多传世经典名曲，都是在他耳聋之后创造出来的。由此可以看到，缺陷给我们带来的不一定是不幸，也可能对我们有着意想不到的帮助。我们应该学会幽默地看待人生和命运——如果命运只给了你一个柠檬，试着把它做成一杯柠檬水。

写这本书的时候，我曾请教芝加哥大学的罗伯·罗杰斯校长如何活得快乐。他说："我一直按照一个忠告做的，这个忠告是已故的西尔斯公司董事长罗森告诉我的。他告诉我说：'如果命运只给了你一个柠檬，试着把它做成一杯柠檬水。'"

这是一名伟大教育家的方法，傻瓜的想法恰恰相反。要是他发现上天只给了自己一个柠檬，他会沮丧地说："命运如此不公，我没有别的选择了。"然后就拼命诅咒世界，让自己陷入自怨自艾中。聪明的人拿到一个柠檬，他会这样想："这个不幸的经历让我学到了什么？我该怎样改变现在的处境？把这个柠檬做成柠檬水怎样？"

佛罗里达州有位快乐农夫，他甚至能将"毒柠檬"做成柠檬水，我有幸拜访了他。他刚买到自己的农场时，心里很沮丧。这个农场条件很差劲，种不了水果，也养不成猪，到处是白杨和响尾蛇。不久他就有了一个好想法，他将所拥有的也变成了财富：将响尾蛇做成罐头。这样干确实令人吃惊。

几年前我去拜访他的时候,前来参观响尾蛇农场的游客多达两万人。他的生意获得了巨大的成功:蛇毒送到各大药厂去制作成防蛇毒的血清;蛇皮高价卖给皮革商,做成女人的鞋子和皮包;蛇肉做成罐头,远销世界各地……我买了一张有当地风光的明信片寄出去,发现这个村子已命名为佛罗里达州响尾蛇村,就是专门纪念这位将"毒柠檬"变成甜美柠檬水的农夫。

伟大的心理学家阿尔弗雷德·安德尔通过深入研究人类行为和人类潜能后说:"人类的一个最奇妙特征,就是具有把负变正的能力。"

下面这个故事是关于瑟玛·汤普森的,她是我认识的一个人,她的经历既有情趣又有意义。

"我丈夫在战争年代驻守在加州莫嘉佛沙漠附近的陆军训练营里。为了离他近一点儿,我也搬过去了。我很不喜欢那里的环境,可以说深恶痛绝。尤其是我丈夫出差的时候,我一个人住在破屋里,感到前所未有的苦恼。更让人受不了的是沙漠里的天气,哪怕在巨大的仙人掌阴影里,也有华氏125度的气温。除墨西哥人和印第安人之外,我找不到可以说话的人,但即便是这些人,也不会说英语。那里整天刮风,吃的食物,呼吸的空气,都是沙子。哦,沙子!

"曾经,我的生活也因烦恼而变得糟糕。我写信告诉父母,我再也无法忍受了,我想回家,马上回家,一分钟也不想待了。父亲的回信只有短短两行字,但它们却永远留在我的记忆里,我的人生因此而改变。这两行字是:'两个人透过监狱的铁栏,一个人看见烂泥,另一个人看见星星。'

"这两行字我反复念了几遍,心中充满愧疚。我暗暗下决心,一定努力发现自己身边的美好:我也要去看星星。

"我开始跟当地人交朋友,他们表现出令人惊讶的友好和好客。我刚一表示出对他们编织的布匹和制作的陶器有兴趣的时候,他们马上毫不犹豫将自己喜欢的东西送给了我,甚至不肯卖给观光客。再看看仙人掌和丝兰,我发现他们的形态如此令人着迷。我还学习了很多有关土拨鼠的事情。我还踏着沙漠上的余晖寻找贝壳——因为这里300万年前是沧海。

"让我变化的是什么力量呢?莫嘉佛沙漠没有变,印第安人没有变,是我在变,我的心态变了。现在的心态,让以前我看来沮丧的境遇变成了现在的刺激和冒险。这个全新的世界让我感动、兴奋。这次经历,被我写成小说《光明的城垒》……从监狱的铁栏往外看,我找到了星星。"

到了20世纪,哈瑞·爱默生·福斯狄克重新阐释了这个道理:"更重要的快乐不是享受,是胜利。"不错,我们的胜利就出自我们的成就感,我们在得意,也出自我们把柠檬做成了柠檬水。

## 3. 平淡是人生最深的味道

印第安人酋长对他的臣民们说:"上帝给了每一个人一杯水,于是,你从里面饮入了生活。"生活确实就是一杯水,杯子的华丽与否显示了一个人的贫与富。但杯子里的水,清澈透明,无色无味,对任何人都一样。你有权利往里面加盐、加糖,只要你喜欢。

同样,人可以追求、选择自己喜欢的生活方式,却无法摒弃生活的本质。生活原本是一杯水,其中的贫乏与富足、权贵与卑微,都是根据自己的心态和能力为生活添加的调味。有人喜欢在生活中多加点蜜,就把它和成糖水;有人喜欢苦中作乐的生活,就把它搅成咖啡;有人喜欢丰富刺激的生活,把它拌成多味酱;有人喜欢把生活泡成茶,细品其中的甘香;有人什么也不加,只喜欢原汁原味的白开水;还有人不知不觉地把生活熬成苦药,甚至是毒药,亲手将自己的生活埋葬。

什么样的生活才是幸福的呢?其实,幸福只是一种心态。你感到幸福,生活便是幸福无比,你感到痛苦,生活便痛苦不堪。同是一片天,有人抬头看见的是层层阴霾，有人却可以透过阴霾看到那无际的蔚蓝。

听朋友讲她儿时的一个伙伴的故事，这个伙伴曾经受过许多苦难，但是，别人却不曾从她那开朗的笑容中发现丝毫痛苦的痕迹。她早年丧母，帮助父亲把三个弟妹供上大学。后来她嫁了人，家婆病重，愈后却瘫痪了。她丈夫是一个乡村小学教师，收入并不多，而她本人原来只是一名代课的老师，工资非常低。为了维持整个家庭的生活，她要了村里人不愿耕种的田地，下课以后就去地里，种的菜自己吃不完的还可以拿到市场上去卖。晚上她不但要备课，还要照顾婆婆和两个年幼的孩子。虽然她总是那么忙，但是从来没有因为家事而拖累自己的工作。在学校，她的教学水平不比那些从正规学校毕业的老师差，年年的学生评比她都是第一。

当问到她会觉得辛苦吗？她爽朗地笑了。她说，生活虽然清苦些，但很踏实、很满足。当看着一家人坐在一起和和美美地吃饭时，当看到孩子们充满渴望的眼睛时，当看到地里那一片绿油油的庄稼时，心里就有一种难言的幸福感。人不是有钱就幸福，钱少些，同样可以过得很幸福。

这位女性还是一位心灵手巧的女人。丈夫的衬衫领子破了，她把领子拆下翻过来重新缝上，又可以穿上一年半载。孩子的衣服，都是她把自己穿旧的衣服裁剪下来做给孩子的。邻居丢掉的窗帘，她觉得还可以用，便要来做成桌布。她自己则常常穿亲友穿过的旧衣裳，大的可以改小，还可以按自己喜欢的风格改成新的样式。

常常听见工作的一些人抱怨收入低，压力大，没有钱，没有车，没有房子。是的，她们说的都是事实。可是放眼看看我们周围的人，有人比你更低微、更贫穷、更无助，跟她们相比，我们还有什么值得抱怨的呢？

而当我们看到，很多比我们在物质上更匮乏的人过得更幸福的时候，我们是不是该重新审视一下我们的幸福感了呢？

其实幸福与否只是每个人的感觉而已，每个人的脑海里面，最幸福的时光可能是童年。而童年，却是人们拥有物质财富最少的时候。不过，那时候人们比较容易满足。一瓶泡泡，一只蝴蝶，一条手帕，也许就是快乐的源泉。因为要求的少，所以得到的就多。

有人活着，不知道自己想要的是什么。于是盲目地追求，盲目地羡慕，这时幸福往往与她们擦身而过。其实，每个人不论在什么处境下，只要端正自己的心态，学会满足、学会把握、学会感恩，生活就会幸福。同时，幸福也不是可以用财物和名誉来衡量的，社会的和谐、家庭的和睦、身体的健康才会让人感到真正幸福。

人生就是由一粒粒时间的珠子，组成的一串长长的项链；它的光泽，它的圆润，体贴入微地融入你的生命之间，如水湿、如空气一样，填充着每一天、每一刻留下来的大小缝隙。许多人生的美丽和成就，其实并不是刻意地追求出来的，而是用时光的营养品，用生命的细心，用淡雅的好心情，甚至是爱情的桑叶，一天天喂养出来的蚕茧。

人生需要的东西很多，可是，真正值得你无比依赖、可以依托的东西并不很多。其中，拥有着一份晴朗的心情，却是你人生最后一片退隐的港湾。选择做一个淡淡的人，选择淡淡的人生，很大程度是削弱你年轻的雄心勃勃，剔除你对他人的支配和对物质生活的强烈追求。

生活只是那一杯水，要靠自己慢慢去品味，细细去咀嚼，用心去欣赏，你才能发现，原来，最幸福的生活，就是在那如水的平淡中活出精彩。

## 4. 再苦再累也要坚强

面对灾难，除了接受现实，我们无路可走。一个人是否真正幸福，不在于那些温和而客气的祝福，而是在于他是否勇敢地接受他所面临的苦难与不幸。

密西西比州杰克森市的内莉·科威顿夫人就用这种明智的行为化解了失去亲人的痛苦。

一直以来，科威顿太太都在照顾她三个病重的孩子。可孩子们好了之后，家庭医生又对她说，她丈夫有很严重的心脏病，随时都有可能出事。

"我担心得要命！"科威顿太太在写给我的信里说，"我彻夜难眠，体重很快就下降了15磅，再这样下去，我会精神崩溃的。在一个失眠的夜里，我问自己：这样担心对事情有什么好处呢？快要天亮时，我开始计划自己应该怎么做。

"我丈夫的手很巧，会做家具。于是，我跟他说我想让他做一个床头柜。他说只要我设计得出来，他就做得出来。第二天，我给他看了我的设计图纸，好几个下午，他都在为这个床头柜而忙碌。我留意到，在干活的时候，他十分开心。后来，几个朋友看到我的小床头柜后都非常喜欢，她们求我丈夫帮她们也做几个。

"那时，我还和丈夫一起在小菜园里种了些蔬菜和花。我们总是一起到园子里摘点新鲜的蔬菜，然后用篮子装好送给亲朋好友，我们尽量去帮助别人。实在无事可做时，我们就花上几个小时讨论怎样设计我们梦想中的果园。

"一天下午的一点钟，我丈夫突然去世了。那时，我才明白，我一生中最幸福的一年就是和我丈夫一起梦想的这一年，幸好我没有让自己整天生活在恐惧之中，面对不幸，我做到了我所能做的一切。"

面对亲人随时可能离去的不幸，科威顿太太用非同常人的勇气使她的丈夫在生命的最后一年活得幸福而有意义。他们共同经历了那难忘的一年，他们之间的爱也给她留下了难忘的回忆。

帮助别人、升华自己是化解伤痛最有效的方法之一。有一个住在威斯康星州的妇女，她是她们社区的榜样，她不但从自己的痛苦中走了出来，还去安慰那些和她一样痛苦的人们。她的儿子是第二次世界大战时的飞行员，23岁时，在一次军事行动中光荣殉国了。作为母亲，她痛苦得不能自拔，但她说，她并不需要别人的同情。她说："我认识很多母亲，她们从不知道什么叫幸福。她们的儿子不是患有脑瘫病，就是患有精神病，身体残疾，不能报效祖国。还有许多女人盼望自己能有一个儿子，可就是盼不到。我的儿子非常出色，23年来，我和他一起度过了这些幸福而快乐的日子。在我接下来的人生中，对他的美好回忆将永远伴随着我。所以，我必须服从上帝的安排，现在，我所能做的就是让那些在军中服役的儿子们不必担心他们的母亲。"

她正是这样做的。她不懈地工作着，去慰问军人的家属或者去看望那些战士。作为一个拥有成熟人格的母亲，她将自己的所有精力都放在帮助别人的事情中去。她如此忙碌，以至于没有更多时间去品尝自己的痛苦。

生命并非总是一段快乐的、充满幸福的旅程，没有什么快乐可以永远地持续下去。生命的历程有时一片光明，有时会陷入黑暗；有时处于人生的巅峰，有时又会跌入低谷；有时阳光灿烂，有时阴云密布。如果我们在遇到挫折时不敢勇于面对，那么，挫折并不会因为你的逃避就不存在。挫折是人生的旅途中必经的一站，真正成长起来的人会勇敢地接受生活的考验，在哪里跌倒，就在哪里爬起来。

拒绝长大的人经常会就这样选择退出，当他一遇见不如意的事，就会躲起来自己生闷气。

康涅狄格州的梅耶·西蒙曾经告诉过我一个故事，那是一个男孩不屈服于命运的故事。

西蒙读大学时有一位叫杰克的室友，他是一个很讨人喜欢的男孩，痴迷戏剧。西蒙是这么形容他的：杰克魅力十足，富有活力，他的血液也许有化妆油呢！在大学里，杰克参与了每个舞台剧的幕后工作，有时还客串一下。在每年的晚会上，他都是重要的导演之一，他还是乐队里的鼓手。大学毕业后，他在一个电视节目制作中心工作，后来，他又成了一名独立制片人。他把他的心和灵魂都奉献给了电视事业，好像他天生就是来做这些事的。

一天，一个朋友给西蒙打来电话说，杰克去世了。原来，杰克患上了不治之症，这种病十分罕见。其实，他很早就知道自己患了这种不治之症，甚至在上大学时，他就已经明白他至多能再活几年。西蒙回忆道："我经常能回想起杰克那热情的笑容，他对工作的热爱、他永不服输的精神都让我意识到一种精神、一种不到最后一刻决不认输的精神！"

杰克的那种对生命的热情激励着每一个认识他的人。面对命运带给他的不幸，他选择了勇敢、积极地面对生活。

生活中无论是你、是我，还是我们身边的每一个人，都可能在人生的旅途中面临着这样的考验。

一个老问题已经被人问了无数遍："为什么偏偏是我？"对于这个问题，只有一个答案："为什么就不能是你？"

上帝在这方面并不对谁好一些。人们在享受人生的快乐时，也要承受人生所带来的痛苦。生活中的磨难是不偏不倚的，人们都有同样的机会遇见它。不管是君主还是乞丐，诗人还是农民，当人生的磨难降临在他们头上的时候，他们所承受的痛苦是一样的。年轻人，或者拒绝长大的人会对此感到痛不欲生，对磨难恨之入骨，因为他们不明白，磨难只是人生的一部分，它和出生、死亡、纳税一样寻常。

因此，当我们尚有时间之时，就应当备加珍惜生命，尽情享受自己喜欢的东西。

## 5．淡定和优雅无关韶华

不久前，我的一个朋友对我说："我害怕的倒不是衰老这个事实，我害怕的是人老时表现出来的一系列令人不快的行为：自怜、抱怨、软弱、变成'老小孩'、喜欢追忆往事，如果是这样的话，还不如让我早些死掉呢！"

很多人都有着他这样的顾忌，然而我们未必会出现这些症状。如若不是患了老年痴呆症，我们为何不让80岁的老人保持20、30岁或者40岁的优雅、风趣和价值呢？让我们来看看一些世界级的杰出人物是怎样变得成熟而不是变老的真实事例。

英国哲学家伯特兰·罗素是一个身材矮瘦但却性情豪迈的人,你知道吗,他在90多岁抱怨的竟然是他不能一口气走完超过5英里的路!他说:"据我观察,大多数人在退休没多久后就因无聊而死去了。一个生性非常活跃的人,即便他相信轻松地度过一生是件很快乐的事,但他仍然发现没有可供他发挥特长的生活是非常难挨的。我承认那些善于享受人生的人更容易活下去,可是一个生命力非常旺盛的老年人要想活得快乐,就必须保持活跃。"

我们再来看看曾经缔结《凡尔赛和约》的意大利已故首相维多瑞奥·艾曼纽尔·奥兰多。即使在他94岁的时候,依然身兼数职——既是意大利议会议员、一家法律顾问公司的主持人,还是律师公会的理事长和罗马大学的教授。而且他每天能工作10个小时之久。

外科医师拉斐尔·巴斯安里利博士在90岁时,每天还都坚持一个即使年轻人都不能坚持的工作计划:每星期他都会在自己的私人医院里给病人动三次手术,每天都安排固定的上班时间来进行研究工作,他自己驾车出行甚至独自驾驶私人飞机。

这个计划他一直坚持到第二次世界大战。巴斯安里利博士是精神战胜肉体的成功例子,因为从30岁起,风湿性关节炎、胃病和失眠症就一直在折磨着他。

哲学家班尼狄特·柯罗斯尽管曾患过中风,但在89岁时依然每天坚持工作10个小时。

意大利的另一位首相法兰西斯·尼蒂,尽管已经是位百岁老人,他也每天坚持工作10个小时。

贺德伯爵——英国已故国王乔治的医生,在80岁的时候每天还要工作长达12个小时之久,更可贵的是他在长时间工作之后依然有精力整理他的花园和创作诗歌。

一些老年女性朋友也同样让人敬佩,她们也有着男性般的活力和热情。英国科学院临床心理学部门的第一位女负责人艾丽丝·海伦·鲍尔博士，却住在不提供水、电和煤气的一间平房里。在她84岁时，依然坚持天天工作，她每天下午睡一个小时的午觉，晚上则会一直工作到深夜2点钟。

著名翻译家奥莉维亚·罗塞蒂在80岁的时候竟然每天工作16个小时，睡眠时间只有6个小时。还有美国的伟大指挥家亚图罗·托斯卡尼尼，他是国家广播公司交响乐团的指挥，他一直工作到87岁，即1954年时，方才退休。

诗人卡尔·桑德堡80岁时还能不断地创作佳作。摩西祖母在80岁时才开始学画画，后来成为受众人欢迎的画家，直到96岁的时候她的手还不离画笔呢。

芝加哥大学生理学荣誉教授和国家科学院医院研究中心负责人安东·朱利斯·卡尔逊博士，虽然已经80岁高龄了，可每天依然花9至10个小时研究老化的问题。而且这10个小时只是他每天工作时间的一部分（注：他每天要工作15个小时）。

世界上这样的人太多了，多得我无法将他们一一在此罗列出来。也许我们会说这些杰出人士的例证不能算什么，因为他们只是特例，他们是天才。那么下面就让我们看看那些没有什么天分或者非常普通的人物——那些不想因为年迈而变成废物的人吧！

比如，住在洛杉矶的琼斯顿老爷子是个木匠，在他100岁的时候每天还在干着自己的老本行。他说把100磅重的盖屋顶用的材料搬到20英尺高的架子上根本没有什么大不了的，他还说自己从来不知道生病是什么滋味。

又如，家住宾州特拉克斯维尔的里昂·华兹特太太已经70岁了，她身材瘦小，只有96磅重，常年忍受着神经炎和静脉肿瘤的疼痛，为此还做过大大小小的手术共13次。即便是这样，她依然每天心情舒畅，而且整天忙得不亦乐乎。多年来她一直坚持把一套有9个房间的平房收拾得干干净净、有条不紊，而且还打理大花园里的花草树木，并亲自下厨。她烘制的糕点远近闻名。

新罕布什尔的威廉·霍尔，在100多岁的时候还在帮儿子打理农场。在儿子照顾乳牛的时候，老父亲就做饭忙家务。

住在缅因州马奇亚斯波特的103岁的尤妮丝·巴尔马太太对如何享受晚年生活的心得是:"保持忙碌,让自己没有时间去考虑自己的烦恼和病痛。"

这些人通常都比大多数人活得时间长,然而却并没有出现老朽、"老小孩时期"或大部分老年人常有的让人厌恶的现象,相反,他们亲身经历了马丁·甘伯特博士提出的"人生第二高峰"——70岁以后再现的一种活力。

甘伯特博士说:"老年阶段有着他们独有的创造力和冲动,直到最近我们才发现……我认为,只要我们能挖掘出老年阶段这有待开发的宝藏,那么每个人的生活都会变得更加丰富、更加快乐。"

## 6. 只关注现在拥有的

假如有一家银行每天早上都在你的账户里存入86400美元,可是每天的账户余额都不能结转到第二天,一到结算时间,银行就会把你当日未用尽的款项全数删除。这种情况下你会怎么做呢?当然,每天分文不留地全数提取是最佳的选择。你可能不晓得,其实我们每个人都有一家这样的银行,它的名字是"时间银行"。每天"时间银行"总会为你在账户里自动存入86400秒,一到晚上,它也会自动把你当日虚度掉的光阴全数注销,没有分秒可以转到明天,你也不能提前预支片刻。

如果你没能适当地使用这些时间存款,所损失掉的只能由你自己去承担。没有回头重来这回事,你也不能预支明天,你必须根据你所拥有的这些时间存款而活在现在。

史蒂芬·李高克写道:"生命的历程是多么奇怪啊。当人还是小孩子的时候,他说'等我是个大孩子的时候';可当他成了大孩子时,他又说'等我长大成人后';待到他长大成人了,他又说'等我结婚之后';等到他结婚之后，他又说'等到我退休之后'。结果，他退休了。回首往事，似有冷风吹过，所有的一切都一去不复返，而他错过了一切。人们总是没有及早明白这个道理。"

而底特律城已故的爱德华·依文斯先生，在不明白"生命就在生活里，就在每一天中，每一刻里"之前，也几乎要忧虑地自杀。

爱德华·依文斯出身贫寒，最早以卖报为生，后来成为一家杂货店的店员。因为家里有七张嘴等着他来养活，他又谋到一个助理图书管理员的职位。这个工作薪水并不高，但他却不敢辞职，只能这样拮据而又稳定地维持家庭的各项开支。8年后，他终于有勇气开创自己的事业。他的事业，是靠借来的55美元起家的，后来做成一年赚两万美金的事业。

没想到，福兮祸所伏，爱德华·依文斯遭到十分可怕的厄运。他为一个朋友背负了一张面额很大的支票，那位朋友却破产了。屋漏偏遇连阴雨，一次灾祸不够，又来一次，存着他大笔资金的银行垮了。直接结果就是，他不但损失了所有的钱，而且还负债1.6万美元。

他无法承受这样的打击，他对我说："我寝食难安，不断地生病，就是因为整天担忧。一天，我昏倒在路边，此后再也不能走路了。人们让我躺在床上，我的全身都开始溃烂，并逐渐往身体里面恶化，以至于我躺在床上都很难受。我的身体越来越虚弱，这时候医生告诉我，你最多只有两个星期的生命了。我吓了一跳，就写好遗嘱，然后拖着溃烂的身体等死。在我看来，担忧和挣扎已毫无用处，只有放弃。眼看一切灾难将离我而去，我也就无所谓了，剩下的日子里我反而放松下来，像个孩子似的睡得香甜。随着令人崩溃的忧虑渐渐淡去，我的身体却开始恢复了，体重也明显增加。

"没想到几周之后，我就能下地撑着拐杖走路了。6周后，我就可以继续工作了。以前我一年能赚两万美元，现在我也能找到一份周薪30美元的工作，足够养活我自己了。当时我的工作是推销运送汽车的轮船上轮子后面的挡板。经此一病，我已经不再忧虑，不再为以前的蠢事而懊悔，也不再为将来的事而担心。我的所有时间和热情，都放在推销挡板这份工作上了。"

没几年，爱德华·依文斯就晋升为依文斯工业公司的董事长。这家公司还是一家纽约股票市场交易所的上市公司。如果你乘飞机去格陵兰，很有可能会在依文斯机场降落，这个机场就是为了纪念他而命名的。所以，如果爱德华·依文斯至死也不明白"生活在完全独立的今天"这个道理，绝不可能置之死地而后生，再次取得辉煌的成就。

在人生当中，我们经常发现许多人总是在悔恨过去，或是在忧虑未来，然后就埋怨现在。所以他们只是活在昨天与未来，却没有真正地活在今天。

昨天是一张作废的支票，明天是一张期票，只有今天是你唯一拥有的现金。英文中把"现在"这个词称为"Present"，而"Present"的别义为"礼物"，请你珍惜这份礼物。别忘了，你真正能抓住的时刻，也是唯一能抓住的时刻其实就只有现在！

## 7．拿开捂住眼睛的双手

心境恰似容器，无法面对现实就容不得对未来的美好期望；满满的水杯如何还能承受新注入的甘美果汁。放下身段，方才得以率真地正视自我；抛弃世俗虚伪名利、面子的顾忌、坦然的胸怀，正是我们迈向美好未来的终南捷径。

过去的所有不愉快绝不会因为自欺欺人地捂上自己的眼睛就可以"我看不见你，你就看不见我了"；坦率方见真情、纯真始得真义，只有不计过去曾经的坦率、不计世俗眼光的纯真，我们才得以最大的勇气面对现实。

我的女儿乔伊三四岁刚学会走路的时候，在家里最爱跟我们玩"捉迷藏"的游戏。

当时她是家里唯一的孩子，我们当然成了她唯一的玩伴。乔伊老是喜欢叫我们"做"，由她四处躲起来，让我们找她。我每次总是故意慢慢地数着一、二、三、四……同时从指缝中偷偷地看她那只胖嘟嘟的小腿慌慌张张地在家中的房间到处乱蹿；她一会儿想藏到窗帘里面，一会儿想躲到壁橱后面，她总是觉得不大放心地再三改变她的主意，她总是觉得不大满意地屡次更改她隐藏的地方。即使确实是找到了绝佳的隐密地方，她又总是在我问她"躲好了没"、奶气十足地回答说"好了"的时候，充分暴露了她的行踪。

我故作谨慎仔细地搜寻，使我都能听到她紧张的呼吸声；我夸张地缓步前行慢慢接近她藏身的地方，连她扑通扑通的心跳悸动都可以明显地感觉出来。而当我每次找到她，拉开了窗帘或是翻开了壁橱的时候，她十分天真可爱地以小小的双手立即捂住了她的眼睛，以为"她看不见我，我就看不见她"，兀自烂漫无邪地静静站立在我的眼前。直到我以双手拉开了她胖嘟嘟的小手以后，她这才死心塌地地发现我已经找到了她，而不断吱吱咯咯、手舞足蹈地开怀大笑。

乔伊这种愚蠢可爱的举动，经常是当时我们一些亲朋好友来家做客时，捉弄逗笑的最好题材；直到如今，乔伊虽然已经出落得亭亭玉立，颇有大家闺秀的气质，我们仍不时以这些童年的往事取笑她。乔伊说，她依稀还能记得当时情景的一二；她说，她一直将这种"我看不见你，你就看不见我"的躲迷藏哲学奉为圭臬，直到进了幼儿园，才在接触了其他的小朋友、面对了真实严肃的"游戏规则"，知道不再有人像父母一般地宽让以后，才知道过去奉行的哲学有多荒谬与错误。

我常想，这真是一个最好的人生启示。其实，我们许多人，直到成年以后，不还一直在生活中继续犯着这个"我看不见你，你就看不见我"不敢面对现实的严重错误吗？

漫漫人生，充满了喜乐、充满了快慰，喜乐时我们高歌，快慰时我们欢笑。然而，漫漫人生也充满了悲伤、充满了挑战，而我们却经常在悲伤来临的时候只知痛苦、在挑战来临的时候只会愚蠢地以"我看不见你，你就看不见我"的自我欺骗心态，一意回避，而不知如何拿开捂住眼睛的双手，面对现实、迎接挑战。

人们不是因为他们不诚实而撒谎，他们不诚实是因为他们害怕真相。这是恐惧发生在谎言之前的原因。我们选择撒谎，因为我们相信真相可能开启我们害怕而希望逃避的反应。内疚随之而来，因为我们的内在认知立即明白我们主动逃避一次学习爱的机会，而且我们正在造成内在的另一个障碍。

谎言的结果会驾驭我们的生命，而我们终究会发现吐露真相是明智的方法。

## 8．在人生的旅途中播种

一位年长的旅行者曾经讲述了这样一次经历：有一次在去美国西部的旅行途中，他恰好坐在一位年迈的妇人旁边，这位老妇人时不时地从敞开的窗户中探出身去，从一个瓶子中把一些粗大的"盐粒"撒在路上——至少在他看来是如此。当她撒完了一个瓶子之后，又从手提包里把瓶子灌满，接着继续撒。

听他讲述这一经历的一个朋友认识这位老妇人，并告诉他，这位老妇人极其喜欢鲜花，并且一贯遵循一个信念："请在你旅途所经之处撒播鲜花的种子，因为你可能永远都不会在同样的路上再次旅行。"通过在自己的旅途中撒播鲜花的种子，这位老妇人大大地增添了原野的美丽。正是由于她热爱美、传播美，使得许多道路两侧鲜花缤纷，生机盎然，令寂寞的旅人耳目一新。

如果我们在漫长的人生旅程中都能够像这位老妇人一样热爱美并传播美的种子，那么这个世界将会变成多么令人心旷神怡的天堂啊！

的确，到乡间的一次旅行是多么难得的机会啊，它可以把美带进我们的生活，可以提高我们的审美能力，这种能力在大多数人身上完全未被开发，处于混沌的睡眠状态。对那些懂得并欣赏美的人来说，融入大自然的怀抱就像是走进了一座巨大而精美的、弥漫着优雅和魅力的宫殿。横展在我们面前的大自然，是这样庄严、美丽、可爱，在这里有轻风在驰骋，有泉流在激溅，有鸟儿在鸣啼，风的微吟、雨的低唱、虫的轻叫、水的轻诉，显得是那么抑扬顿挫、长短疾徐，再加上夕阳的霞光，花儿的芬芳，高山的宏伟，彩虹的艳丽，空气的清爽，构成了足以让天使陶醉的画面，而置身于其中的我们，又怎能不像喝了醇酒一般呢？但是，这种美丽和恬静是无法靠金钱来换取的，只有那些与大自然的脉搏一起跳动，与充满了温情和爱的大自然相吻合的人们，才能真正地发现它们，欣赏它们，并拥有它们。

你是否曾经感受到了大自然所蕴含的美的神奇力量？如果没有的话，那你就是丧失了生活中最深沉的一种幸福。我曾经有过一次横穿大峡谷的经历，坐在一辆公共马车上，在崎岖的山路上颠簸了一百英里，我是如此筋疲力尽、腰酸背痛，以至我都觉得无法再支撑着熬过离目的地还有十英里的路程。但是，当我偶然从山顶往下注视时，我看到了著名的大峡谷瀑布和周围绝佳的风景，而此时，太阳正破云而出，金色的光芒照耀大地，呈现在我面前的是一幅空前绝后、摄人心魄的画面，我身上的每一点疲劳、困顿和酸痛，都立刻被驱散得无影无踪。我的全部身心都沉浸在大自然的浩瀚恢宏和空旷豁朗之中。这种美是我以前从未经历过的，也是我永生难忘的。我感到自己的灵魂得到了升华，心中是那么平和宁静，而喜悦的泪水则在不知不觉中溢满了眼眶。

当我们的心灵驰骋于绿色无垠的原野，徜徉于翠竹掩映的溪畔时，我们肯定不会怀疑造物主是在按照他自己的形象和爱好来制造人类的，想必造物主是希望人类跟大自然一样美丽。

## 9．平静地走向未来

我经常在全国各地旅行，有幸见到很多具有"把负变正的能力"的人。《十二个以人力胜天的人》的作者，已故的威廉·波里索，他曾说过："人生中最重要的不是将收入当作资本，傻子都会这样做的。重要的是从损失中获益，这可是需要聪明的才智，也正是智者和傻瓜的区别。"

他说这段话的时候，刚经历了一次火车事故，失去了一条腿。我还认识一个断了两条腿的人，也把负变成了正，他就是本·福特森。我走进佐治亚州大西洋城一家旅馆的电梯，看见他坐在电梯一角的一张轮椅上。电梯停到了他要去的那层时，他问我能否让一下让他转动轮椅，他说："真抱歉，真是太麻烦你了。"说话的时候，他脸上洋溢着温暖的笑。

回到我的房间，我满脑子都是这个开心的残疾人。于是我就去拜访他，希望他给我讲讲他的故事。

他告诉我："1929年，我砍了一大堆准备用来做菜园里支架的胡桃木、树枝装在福特车上，我往回走。忽然一根树枝滑到车下，被引擎卡住了，车子一个急转弯就冲出了公路，我被甩到一棵树上，脊椎严重受伤，双腿也麻痹了。

"当时我才24岁，但从此以后我再也没站起来。"人生才过去24个年头，却被判终身坐在轮椅上，他怎样接受这个事实呢？的确，刚开始他内心也充满了愤懑，痛苦不已，整天埋怨上天的不公。时光流逝，他发现愤怒除了让自己脾气更糟之外，没有一点用处。"我终于意识到，大家对我一如既往地好，也很关心我，我理当有所回报。"

我问他，经此一劫，他是否还觉得当年的遭遇是可怕的、不幸的。他马上回答说:"不,有时我甚至庆幸有这样的经历。"他说,走过最初的震惊和悔恨,他开始了新的人生。他不停地读书,对文学产生了很大的兴趣。14年里,他至少阅读了1400多本书。书带他走进新的境界,他的生活也因此丰富起来。他也开始听优美的音乐,那些在他以前听来非常烦闷的交响曲,现在却令他十分感动。最大的改变是,现在他有了足够的时间思考。他说:"我第一次发现,我能仔细地打量世界了,也有了真正的价值观。我懂得了,以前我追求的很多东西,大部分都是没价值的。"

我们无法决定明天或后天或几年内将发生的事,但是我们可以设定最后将会回到我们身上的正面能量。当有人在一泓池水中央丢下一颗石子,产生的涟漪会一圈一圈地向外扩张直到池边,然后涟漪会以复杂的交叉水流开始回流向池中央。同样的道理,我们给予世界的祝福也将回到我们身上,如同要怎么收获就怎么栽种,乃是因果的原则。当我们投射强烈的和有信心的善行给陌生人,就像一个祷告飞向神那里,而祷告者也会即时获得启示的报偿。

我们必须面对自己,知道自己是谁,发现自身的价值,根据这价值而行动。如果我们跟随着自我认识的道路走向满足,而不是只想逃开,朝向放逐式的放松,我们的正面能量会将它自身的能量传送到未来。每次当我们到达未来时,我们将发现它在沿路等我们——依我们过去所想、所说、所做的一切来迎接我们。

# 附录

## 写给淡定女人的一些话

## 对二十几岁女人的忠告

（1）爱要从容用力，切勿爱得太用力、太拼命，不要被爱荼毒了心灵，在爱情面前，你要保持最起码的理智。

（2）如果一个男人开始怠慢你，请你离开他。不懂得疼惜你的男人不要为之不舍，更不必继续付出你的柔情和爱情。

（3）任何时候，不要为一个负心的男人伤心，女子更要懂得，你伤不到他的心，最终伤的是自己的心。所以，收拾悲伤，好好生活。

（4）你要学着给爱的人空间，否则，你要小心缠得太紧让他窒息。

（5）当一个男人对你说：我们分手吧！请不要歇斯底里地号叫为什么我爱的人不爱我，应该淡然一笑说：谢谢你让我有机会去寻找更合适我的人。

（6）要爱自己、尊重自己，让自己的生活精彩纷呈。不要让你的某种举动是为了报复，你的所作所为只是为了让自己的人生更充实。

（7）即便不施粉黛，也不要蓬头垢面地出门。

（8）对善意欣赏你的男子，即便你对他没有好感，也要回报浅浅的微笑。

（9）为男人付出要有一定的底线。

（10）不要把羞涩和胆怯混为一谈，更不要刻意地追求羞涩。

（11）婚姻是一件谨慎的事情，千万不要与并不适合自己的人步入婚姻的殿堂。

## 教三十几岁女人的修炼

30几岁的女人再保养,在身体、容貌的年轻度上也至多能和二十出头的女孩子打个平手。随着年龄的增长,除了保养这门功课,女人最重要的是让自己魅力四射。身体年轻思想成熟,是魅力女人的终极目标。

(1)让自己时刻保持良好的状态。

永远以优雅的姿态示人,永远不要让疲惫的倦容出现在你的脸上。不管做任何事都保持认真态度,对自己要严格要求,如果连自己的事都马马虎虎,其他的事情又怎能保证?所以不要因为生活或者工作的压力让自己变得不修边幅,即使再忙再累也要让自己保持良好的状态。

(2)多读一些书,提升内涵。

书会让人成长,同样也会使人成熟。想变成有魅力有气质的女人,就要从内心彻底改变,光靠穿衣打扮,而不提升内涵,即使穿上再名贵的衣服,也会让人觉得很俗气。

(3)拥有良好的心态,从容应对流言蜚语。

生活中,是非曲直、流言蜚语在所难免。如何应对和处理这些问题是对每一个女人的考验。你自己无法让每一个人都喜欢,最简单的做法就是做自己。面对外界的各种猜疑和揣测,做到从容不迫,微笑面对。

(4)保持微笑。

微笑能让你的整体印象加分,充满亲切感。笑容是世界上最美的语言,微笑地面对他人,自己的心里也会充满阳光。

(5)坚持原则,学会说"不"。

在生活中我们会遇见很多事情让人左右为难,明明不情愿的事情却又碍于某种原因不得不做。我们应该学会说"不"，要学会拒绝，不要为了迎合他人，而忽略自己的感受。

（6）懂得鼓励你的丈夫。

我们每个人都不希望他人指责我们，打击我们，因为每个人都有自尊心。我们希望得到鼓励和安慰，这样我们才能心甘情愿地去改正错误，而你的丈夫也一样。所以一定要让你的丈夫知道你是信任他的，让他明白他是最勇敢的，使他相信他是最成功的，让他有一种被尊重的感觉，让他获得想要的满足感，并帮助他获得成功。切记不要强迫丈夫做不合适的职业，做他讨厌的事情。

## 与四十几岁女人的共享

（1）自己爱护自己。40岁的女人，相当于一辆已经行驶了十四万公里的汽车。务必要做到每六个月检查一次身体，尽早发现如乳腺、卵巢、内分泌系统等疾病，同时要抓紧补充钙质和营养，中年女性百分之七十都有不同性质的骨质疏松症状。胸部可以下垂，皮肤可以松懈，但切记：骨头一定要坚挺。这将使你在五六十岁的时候受益无穷。

（2）不要浓妆艳抹。40岁的女人，不要再过多地涂脂抹粉，这些化妆品虽然在遮盖方面功能强大，却会摧毁你那历经岁月的皮肤。

（3）呵护你的丈夫。40岁的女人，不要忘记你柔情似水的呵护。专家们曾经说过，如果一个妻子能让丈夫觉得幸福快乐，他就能顺利地取得事业上的成功。一个成功的丈夫的背后总有一个温柔可爱的妻子。

（4）展现你的智慧。40岁的女人，用全部的智慧，给予老公最大的幸福；用全部的智慧，维护家的美满和谐；用全部的智慧，给儿女最好的教育最好的生活；用全部的智慧，带给父母的晚年最大的幸福和欢乐。

（5）袒露你的包容。40岁的女人，超越了坚韧，真正懂得什么是爱，什么是人间最珍贵的情怀，什么才是宽容。明白分寸和爱之间的得心应手的把握，更懂得男人的空间和女人一样，需要放飞的时空。

（6）做自己喜欢做的事。在现今社会，因为工作压力以及工作强度的增加，每个人都会觉得很疲惫。而对于女性来说，这种感觉更是非常强烈。如果总是生活在疲劳之中，会严重地损害自己的身体健康，还会影响自己的情绪。无论我们每天有多少事情要做，但是只要条件许可，我们还是尽量要做一两件自己喜欢的事情。每天能够做一两件自己喜欢的事情，你就会保持愉悦的心情，并且很快就能恢复自己的精力。

（7）40岁的女人要明白，家是丈夫永远的港湾。你不用太注意家庭的外观及形式，最主要的是，要注意家庭特有的、充满爱、温暖与明朗的气氛。我们应该记住，我们做家务是为了给丈夫营造一个充满爱意、安宁舒适的小窝，而不是为了让家里绝对洁净。

（8）如果你是家庭主妇，你不要因此心里不舒服，你应该感到骄傲和自豪。因为世界上不会存在这样的办公室，老板亲自打扫卫生、记账、打字。但是，一个家庭主妇在家里却要做所有的这些事情，甚至比这还要多。请你记住：在生活中你的角色，比女演员在银幕上扮演的角色还要丰富。如果你是一名职业女性，在工作中已经取得了不菲的成就，也不要因此顾此失彼，忘却妻子的角色。

（9）生活中，能否保持旺盛的精力和愉快的心情，对于我们的身心健康非常重要。一个人的精力不足，或者精力不稳定，不仅难以快乐地生活，而且会影响我们的健康。成功的人有足够的精力去面对众多的人和事，而精力不足的人面对过多的事务就会感到烦心、倦怠。因此，40岁的女人要会调节自己，要时刻保持充沛的精力，就必须经常保持愉快的心情。

（10）要心怀感激。感恩，本身就是一个美好的字眼。怀着感恩之情，便拥有了一颗善于体察幸福的心。感受他人的恩惠，并予以报偿。在感受的同时，我们体会到爱和幸福，在报偿的时候，我们再次将这份幸福传递，并体会着给予的美好。怀抱感恩之心的生活，是被爱意浓浓包裹的生活。如果你还没有触摸到幸福，请你先学会感恩，你会发现生活的另一面恬静美好。